QINGDAI HEWU DANG'AN

清代河務檔案 11

《清代河務檔案》編寫組 編

GUANGXI NORMAL UNIVERSITY PRESS
廣西師范大学出版社
·桂林·

第十一册目録

永定河修工册（二）

光緒貳拾叁年分

庫存各款等項銀兩簿

光緒二十二年歲搶修節存項下

光緒二十三年分

一存二十二年歲搶修節存銀一百九十八兩七錢六分八厘五毛五絲二忽八微

四月初四日

一收二十二年沒船經費項下撥歸銀一百二十三兩三錢八分五厘六毛八絲二忽〇微

內除長平銀三十一兩三錢二分二厘一毛二絲一忽〇微

實存銀二百九十兩〇八錢三分二厘一毛一絲三忽八微

四月二十六日

一提歲修衙署工料價庫平銀二百四十二兩六錢二分零〇五絲九忽〇微

實存銀四十八兩二錢一分二厘零五絲四忽〇微

光緒二十三年分

一存二十二年歲搶修節存銀九十七兩三錢七分九厘九毫四絲零六微

四月二十六日

一找隄歲修衙署工料價庫平六十七兩三分七分九厘九毛四絲零六微

實存無項

二十三年歲搶修節存項下

光緒二十三年分

一存二十二年歲搶修部飯州銀七十四兩三錢一分五厘九毛七絲零六微

三月初九日

一收本年歲搶修項下撥還借用庫平銀二千兩

実存銀二千零七十四兩三錢一分五厘九毛七絲零六微

五月十三日

一提解光緒二十三年備防部費庫平銀三百二十兩

実存銀一千七百五十四兩三錢一分五厘九毛七絲〇六微

九月二十八日

一撥歸光緒二十年部款項下呈解工部水利飯銀一千〇〇二兩三錢一分五厘

九毛七絲〇六微

実存銀七百五十二兩

十月二十二日

一提借用光緒二十二年部款項下庫平銀七百五十二兩

二十二年歲搶修部飯州項下

实存各项

光緒二十三年分

一存二十一年歲搶修部冊飯銀五十四兩三錢三分七厘七毛二絲一忽三微

三月初九日

一收本年歲搶修項下撥還借用庫平銀一千四百兩

實存銀一千四百五十四兩三錢三分七厘七毛二絲一忽三微

九月二十八日

一撥付光緒二十年部款項下銀一千〇〇二兩三錢三分七厘七毛二絲一忽三微 呈解工部水利飯

實存銀四百五十二兩

十月二十二日

一收光緒二十三年部款項下撥付銀三百兩

一提借用光緒二十一年部款項下庫平銀七百五十二兩

實存無項

二十一年歲搶修部冊飯項下

光緒二十三年分

一存二十年歲搶修部飯冊銀六百五十四兩三錢九分零九毛八絲六忽七微

三月初九日

一收本年歲搶修項下撥還借用庫平銀一千一百兩

實存銀一千七百五十四兩三錢九分○九毛八絲六忽七微

五月十三日

一提解光緒二十年銷費庫平銀七百五十二兩

實存銀一千零零二兩三錢九分零九毛八絲六忽七微

九月二十八日

一收光緒二十一年歲搶修部飯銀一千○○二兩三錢三分七釐七毛二絲一忽三微

一收光緒二十二年歲搶修部飯銀一千○○二兩三錢一分五釐九毛七絲○六微

一收光緒二十、廿一、二十二共年六分平部飯共銀一百七十兩○四錢五分○七毛八絲二忽七微

一呈解工部光緒二十年歲搶修共項銀內扣存一分部飯京平銀九百四十六兩九錢六分一釐八毛九絲三忽一微

二十年歲搶修部飯冊項下

一呈解工部光緒二十年六分部平歸辦土工案內扣存一分部飯京平銀五十六兩八錢一分七厘七毛一絲三忽五微

一呈解工部光緒二十一年歲搶修廿項案內扣存一分部飯京平銀九百四十六兩九錢〇分六厘六毛九絲〇忽五微

一呈解工部光緒二十一年六分部平歸辦土工案內扣存一分部飯京平銀五十六兩八錢一分六厘八毛〇一忽六微

一呈解工部光緒二十二年歲搶修廿項案內扣存一分部飯京平銀九百四十六兩九錢三分七厘七毛九絲〇忽八微

一呈解工部光緒二十二年六分部平歸辦土工案內扣存一分部飯京平銀五十六兩八錢一分六厘二毛六絲七忽六微

一發候補同知鄧晶預起部解水利飯食銀兩 川費銀九十兩

一發呈解部飯長餘辦公銀二百五十六兩八錢七分六厘一毛二絲六忽二微

實存無項

歷年六分平土工部飯册項下

光緒二十三年分

一存二十二年六分平土工部飯銀五十六兩八錢一分六厘二毛六絲七忽六微

一存二十二年六分平土工部册銀九十兩零九錢零六厘零二絲七忽三微

一存二十一年六分平土工部飯銀五十六兩八錢一分六厘八毛零一忽六微

一存二十一年六分平土工部册銀九十兩零九錢零六厘八毛八絲二忽六微

一存二十年六分平土工部飯銀五十六兩八錢一分七厘七毛一絲三忽五微

一存二十年六分平土工部册銀九十兩零九錢零八厘三毛四絲一忽七微

五月十三日

一提解光緒二十年六分平土工部册銀九十兩零九分〇八厘三毛〇四絲一忽七微

九月二十八日

一撥歸光緒二十年部款項下銀一百七十兩〇四錢五分〇七毛八絲二忽七微

歷年渡口工食八分平項下

光緒二十三年分

一存十三年渡口工食等項八分平〻五十六兩六錢四分

一存十四年渡口工食等項八分平〻八十一兩二錢一分六厘

一存十五年渡口工食等項八分平〻五十七兩二錢一分六厘

一存十六年渡口工食等項八分平〻七十八兩二錢一分六厘

一存十七年渡口工食等項八分平〻六十兩零四錢一分六厘

一存十八年渡口工食等項八分平〻六十三兩六錢八分二厘三毛

一存十九年渡口工食等項八分平〻八十二兩一錢二分二厘四毛八絲

一存二十年渡口工食等項八分平〻八十三兩七錢九分七厘

一存二十一年渡口工食等項八分平〻五十九兩六錢一分六厘

一存二十二年渡口工食等項八分平〻五十七兩二錢一分六厘

二月二十八日

一收三处渡口春季工食內扣八分平〻[illegible]兩

四月二十六日

△一收本道應措本年夏季炭資銀二十七两

△一收各廳汛應措本年夏季炭資銀三十两零一錢

一收三處渡口秋夫本年夏季工食内扣八分平銀六两

又收本年夏季秋夫短布褲價内扣八分平銀壹錢七分六厘

五月初二日

一收十里甫渡口排造渡船並油艌八分平銀七两二錢八分

五月二十二日

一收南岸上北廳会領本歲修油艌渡船内扣八分平銀二两四錢

六月二十一日

一收南隄北六工郎汛費会領變營渡口排造大船並油艌内扣八分平銀八两

七月二十四日

一收三處渡口秋夫本年秋季工食内扣八分平銀六两

一收南北岸会領十里甫排造油艌各船工價内扣八分平銀三两一錢二分

九月初一日

一發工房書吏領解光緒十三至十八共年渡口報銷部費市三百九十
七兩三錢八分七厘三毛

九月三十日

一收三處渡口税支領搭蓋浮橋工料價內扣八分平市十〥兩〥分

十月二十二日

一收叟營渡口排造大船一隻工料價內扣八分平市二兩四分

十月二十五日

一收三處渡口本年冬季税支皮税價內扣八分平市三兩八分〥厘

一收三處渡口税支本年冬季內扣工食八分平市六兩

一收三處渡口税支找領搭蓋浮橋一半工料價內扣八分平市十〥兩〥分

光緒二十三年分

二月二十八日

一收　本道春季炭資銀二十七兩

一收各廳汛應捐炭資銀三十兩零一錢

四月二十六日

一收　本道夏季炭資銀二十七兩

一收各廳汛應捐炭資銀三十兩零一錢

七月二十四日

壹收　本道秋季炭資銀二十七兩

一收各廳汛應捐秋季炭資銀三十兩零一錢

十月二十五日

一收本道本年冬季炭資銀二十七兩

一收各廳汛應捐冬季炭資銀三十兩○一分

十二月十七日

一提癸道廳汛應捐辛年候補各員炭資銀二百二十八兩〇分

實存無項

葦餘項下

光緒二十三年分

二月十六日

一收本年歲修葦料內扣葦餘銀[illegible]千零一十一兩二錢

一收南北岸兩汛續收六成葦料三垛內扣葦餘銀十二兩

一提本年春季葦餘銀二百五十二兩八錢

一提本年夏季葦餘銀二百五十二兩八錢

實存銀五百一十七兩六錢

三月初九日

一撥〔歸添撥歲修〕添修項下葦餘銀十五兩二錢

實存銀五百零二兩四錢

六月十五日

一收北中汛葦料一垛內扣葦餘銀四兩

實存銀五百零六兩四錢

八月十五日

一撥归衙備倉急賑備用廿項下本年ㄙ二万五十二兩八分　款

實存ㄙ二万五十三兩六錢

十月二十五日

一撥归衙備倉急賑備用專款項下冬季華余ㄙ二万五十三兩六分

實存無項

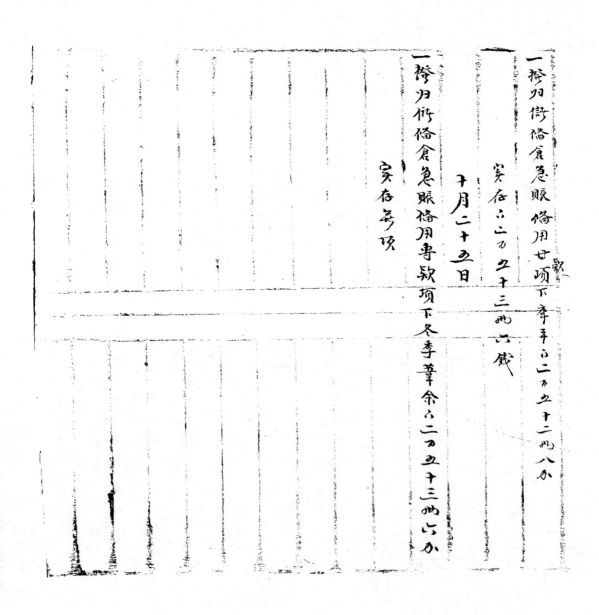

添款項下

光緒二十三年分

一存添款軍需平銀八百七十五兩二錢七分八厘八毫三絲

二月初一日

一墊發解繳洋槍〻子修費價值庫平銀二百六十六兩五錢三分

核軍需平銀二百七十六兩五錢二分一厘八毫

實存軍需平銀[illegible]百九十八兩七錢五分七厘零三絲

二月二十八日

一收石景山廠應繳光緒二十二年大汛土車月支兵餉軍需平銀二十[illegible]兩七錢五分四厘

一收[illegible]廳汛繳回預借洋槍子彈價值軍需平銀[illegible]百七十六兩五錢二分[illegible]厘八毫

實存軍需平銀九百零二兩〇三分二厘八毫二絲

五月初八日

一發候補府經歷林良領赴津採買蔴袋煤由車船運腳川
費軍需平足二十八兩二錢
實存軍需平足八百七十三兩八錢三分二釐八毫二忽

五月二十二日

一收 支應局撥發添撥蔴袋月支兵餉軍需平足三千零九十七兩
九錢四分六釐二毫
一發候補縣丞劉兆霖領赴津續領添撥蔴袋月支兵餉川費軍
需平足三十兩
實存軍需平足三千九百四十一兩七錢七分九釐零二忽

六月初八日

一撥還代搶修項下墊發採買蔴袋價軍需平足一千兩
一發候補同知李文楷領隨轅委員薪水先發軍需平足五十兩
一發候補縣丞姚毓高領本年防庫六月分薪水軍需平足六十四兩
一發南岸廳領所屬各汛土車月支兵餉七成軍需平足六百六十六兩

一發三角淀廳領所屬各汛土車月支兵餉七成軍需平銀三萬八十三兩二錢

八錢四分二釐六毛一絲

一發石景山廳領所屬各汛土車月支兵餉七成軍需平銀三萬九十二兩四錢

〇分二釐六毛五絲

一發上北廳領所屬各汛土車月支兵餉七成軍需平銀三萬三十五兩八錢

八分五釐五毛九絲

一發下北廳領所屬各汛土車月支兵餉七成軍需平銀二萬三十兩零〇

七分一釐二毛七絲

八分五釐六毛六絲

實存軍需平銀八萬六十九兩二錢五分一釐二毛〇絲

七月二十四日

一發轅門外委苗得領本年大汛加賞隨轅薪餉軍需平銀四十八兩

實存軍需平銀七萬八十七兩二錢五分一釐二毛五絲

補七月十一日

一發候補縣丞陳毓嵩領七月分防庫薪水軍需平足十四兩
一發北岸千總陳永安領六七兩月防庫薪水軍需平足二十兩
實存軍需平足八百三十五兩二錢五分一釐六毛五絲

八月二十四日

一發候補縣丞陳毓嵩領八月分防庫薪水軍需平足十四兩
一發北岸千總陳永安領八月分防庫薪水軍需平足十兩
一發南岸廳領防庫兵面價軍需平足三十六兩七錢三分三釐
實存軍需平足七百二十六兩五錢一分八釐二毛五絲

九月二十八日

一收石景山廳繳回土車月支兵飯軍需平足四兩〇三分五釐五毛九絲
一收三角淀廳繳回土車月支兵飯軍需平足六兩八錢九分九釐五毛六絲四忽六微
一發候補同知唐丞顧大訊隨工差委七八兩個月薪水軍需平足五十兩
實存軍需平足六百八十七兩四錢五分三釐〇毛〇四忽六微

前

十月二十五日

一提大汛期內委員出差查工津貼火食弁兵犒賞軍需平六二万〇十兩

實存軍需平ㄙ〇万四十七兩〇不五分三厘〇毛〇〇忽六微

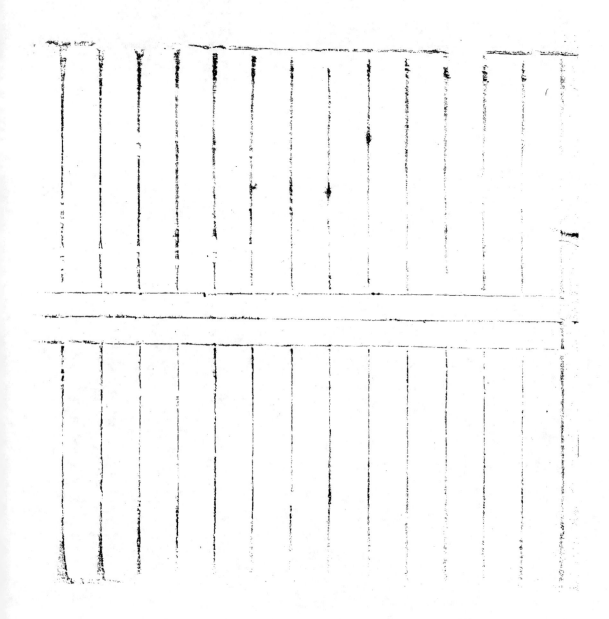

另存葦餘項下

光緒二十三年分

二月十六日

一收光緒二十三年添撥歲修葦料內扣葦餘銀六百七十六兩八錢

一收南岸上汛下汛兩汛續收四成葦料二條內扣葦餘銀八兩

實存銀六百八十四兩八錢

三月初九日

一收本搶修葦餘項下撥歸葦餘六十四兩二分

一發北六工郎 南四工分 汛員領本年添撥歲修葦餘歸偹帳未六百九十兩

實存[illegible]項

另留一成兵餉項下

光緒二十三年分

一存一成兵餉銀一百八十二兩四錢九分八厘九毛

二月二十八日

一發河營都司領本年春季兼管親兵薪水銀[illegible]十四兩

又領本年春季防庫親兵教習兵班頭目口食銀[illegible]百二十六兩

實存銀[illegible]十二兩四錢九分八厘九毛

四月二十六日

一發河營都司李啟瑞領本年夏季三個月薪水銀[illegible]十四兩

實存銀[illegible]兩〇錢九分八厘九毛

另案春工兵飯項下

光緒二十三年分

正月二十一日

一收 籌賑局撥發光緒二十三年添撥春工兵飯公砝平銀二千五百五十兩扣刪歸除核庫平銀二千四百六十三兩七錢六分八厘

二月初九日

一發三角港廳領前房各汛預備春工兵飯公砝平銀二百兩核庫平銀一百九十二兩三錢

三月十七日

實存庫平銀二千二百七十一兩四錢六分八厘

一發工北廳領預備各汛春工兵飯公砝平銀二百核庫平銀一百九十二兩三錢

三月二十六日

實存庫平銀二千零七十九兩一錢六分八厘

一發南岸廳額設所屬各汛春工兵廠公積平銀[illegible]核庫平銀二万八千八兩

[illegible]錢六分一釐五毛

一發下北廳額設所屬各汛春工兵廠公積平銀[illegible]核庫平銀一万九十二

兩[illegible]零七釐七毛

實存庫平銀[illegible]千五万九十八兩三錢九分八釐八毛

四月初十日

一發石景山廳額設所屬各汛額設春工兵廠公積平銀[illegible]核庫平銀一万九十

二兩三錢

實存庫平銀一千四万零六兩零九分八釐八毛

四月十三日

一發南岸廳額設所屬各汛春工兵米考出核平銀[illegible]核庫平銀四万八十

[illegible]兩[illegible]錢二分一釐五毛

一發三角淀廳額設所屬各汛春工兵米考公積平銀[illegible]核庫平銀三万

[illegible]十三兩四錢八分[illegible]釐六毛

一發石景山廳領所屬各汛專工兵米等公費平銀[illegible]核庫平銀二万八千〇四兩六錢三分〇七毛

一發上北廳領所屬各汛專工兵米等公費平銀[illegible]核庫平銀一万二千兩〇九錢三分零七毛

一發下北廳領所屬各汛專工兵米等公費平銀[illegible]核庫平銀二十兩零五錢四分六釐一毛

實存庫平銀一万四十五兩零八分五釐六毛

四月二十六日

一發河營都司李啟瑞領本年夏季防庫款兵津貼銀一万二十六兩

實存庫平銀[illegible]九兩零八分五釐二毛

九月二十日

一收二十一年磚工節存項下銀一万零一兩五錢五分〇釐〇一絲一忽

一收二十二年磚工節存項下銀二万七十一兩五錢八分七釐二毛五絲八忽六微

一發河營都司領本年秋季薪水銀二十四兩

一發河營都司領本年秋季親兵工食銀一百二十六兩

一發防庫親兵教習李德龍領本年秋季工食銀一兩五錢

實存庫平銀二萬四十兩零七錢二分六厘四毛六絲九忽六微

十月初七日

一發防庫親兵戈什兵班頭目什長等領演操賞犒銀四十六兩九錢

實存庫平銀一萬九十三兩八錢二分六厘四毛六絲九忽六微

十月二十五日

一發河營都司領本年冬季薪水銀二十四兩

一發河營都司領本年冬季防庫親兵津貼銀一百二十六兩

一發防庫親兵教習李德龍領本年冬季工食銀一兩五錢

實存庫平銀四十二兩三錢二分六厘四毛六絲九忽六微

仝日

一發操演親兵放槍撚子木牌工料銀一兩六錢

實存庫平銀四十兩零七錢二分六厘四毛六絲九忽六微

十二月初七日

一發河營都司領買辦大旂號衣洋號廿頂銀四十兩

實存庫平銀七千二百六兩四毫六絲九忽六微

光緒二十三年

一存光緒二十一年磚工經費節省庫平銀二百〇一兩五錢五分四厘〇一毫一忽

九月二十日

一撥歸本年專工兵餉項下銀二百〇一兩五錢五分四厘〇一絲一忽

實存無

二十一年磚工節省項下

光緒二十三年分

一存光緒二十二年磚工節省庫平銀三萬八千一兩六錢二分〇八毛一絲八忽六微

三月二十三日

一發石景山廳找領上年北中汛大汛搶險拋磚工價公砝平銀以加核庫平銀一萬一千兩零〇三分三釐五毛六絲

實存庫平銀二萬七千一兩五錢八分七釐二毛五絲八忽六微

九月二十日

一撥歸本年存工兵餉項下銀二萬七千一兩五錢八分七釐二毛五絲八忽六微

實存無

二十二年磚工節省項下

一存

光緒二十三年分

減堤局解到減堤報銷由部核減庫平銀七十兩〇三錢六分四厘

減堤報銷項下

光緒二十三年分

一存光緒二十二年磚工報銷部冊庫平足二百兩

四月初十日

一收本年磚工項下撥歸另存本年磚工報銷部院冊費庫平足四百兩

四月二十一日

一發河務房書吏領本年磚工報銷院冊費庫平足二百兩

、實存足四百兩

二十二三年磚工報銷部冊項下

光緒二十二、二十三等年添撥歲修寄浚船院飯項下

光緒二十三年分

一存光緒二十二、二十三等年添撥歲修浚船部院飯庫平銀五十兩零零六分九釐六毛

三月初九日

一收本年歲撥修項下撥還借用庫平銀一千五百兩

、實存銀一千五百五十兩零零六分九釐六毛

一存光緒二十二年浚船經費內扣六分平無二分京市平庫平銀七十

光緒二十三年分

七兩二錢

三月初九日

一收本年發給修理項下撥還備用庫平銀一千三百兩

一收本年浚船經費項下撥存運庫浚船經費八分平庫平銀八百兩

實存銀一千一百七十七兩二錢

一二十三年浚船六分平二分平項下

光绪二十三年分

一存光绪二十二年浚船经费内扣部饭库平银二百两

一存光绪二十二年浚船经费内扣部册库平银三百两

四月初十日

一提光绪二十二年浚船经费内扣报销部册库平银二百两

、实存库平银三百两

二十二年浚船部册饭项下

光緒二十三年分

一存光緒二十二年浚船經費內扣一分院飯庫平六二九兩

二十二年浚船院飯項下

光緒二十三年分

一存光緒二十二年浚船經費庫平銀三万七十二两六錢四分四厘〇九絲九忽八微

正月十六日

一撥歸二十二年添撥浚修節存項下公砝平銀二万五十九两一錢〇〇厘三毫八絲四忽

實存庫平銀一万二十三两三錢八分五厘六毫八絲二忽四微

四月初四日

一撥歸二十二年浚船修項下銀一万二十三两三錢八分五厘六毫八絲二忽〇微

實存無項

二十二年浚船經費項下

光緒二十三年分

一收添撥另案項下撥存光緒二十二年北中大工報銷冊費公砝平足

四千五百兩

五月二十八日

一發北中汛汪汛員領光緒二十二年辦理北中大工報銷部費公砝平足

四千五百兩

實存無項

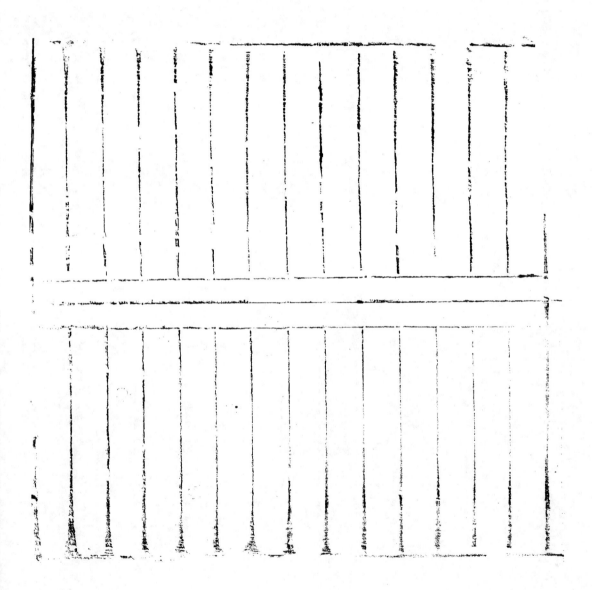

光緒二十三年分

二月初九日

一收另存光緒二十三年添撥另案內應扣存[illegible]分加倍部院銷費公砝平足[illegible]千一百兩

一發河務房書吏領光緒二十三年添撥另案內應扣存[illegible]分加倍院銷費公砝平足[illegible]萬五十兩

實存公砝平足五萬五十兩

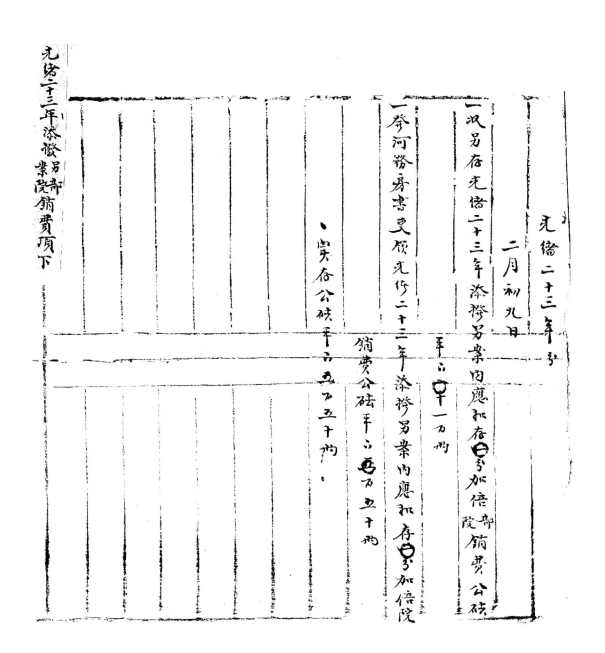

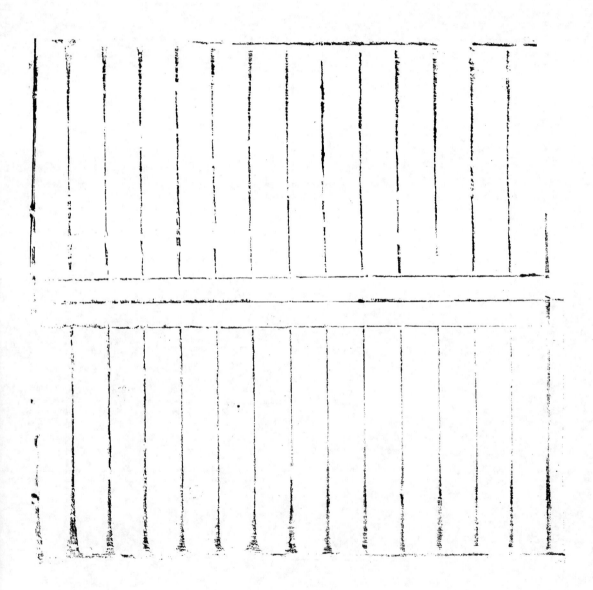

二十三年添撥歲修淀船經費部飯冊項下

光緒二十三年分

三月初九日

一收光緒二十三年添撥歲修淀船經費內應扣存一分部飯庫平六[illegible]九兩

一收光緒二十三年添撥歲修淀船經費內應扣存一分六釐部冊庫平六[illegible]四百六十兩

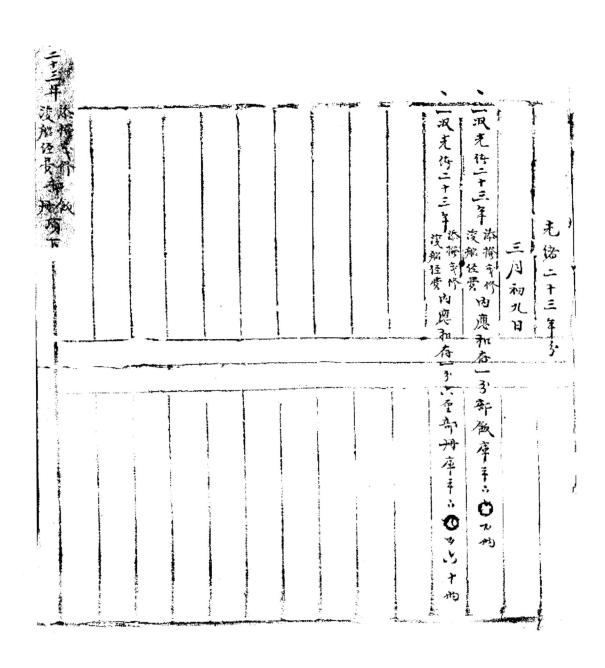

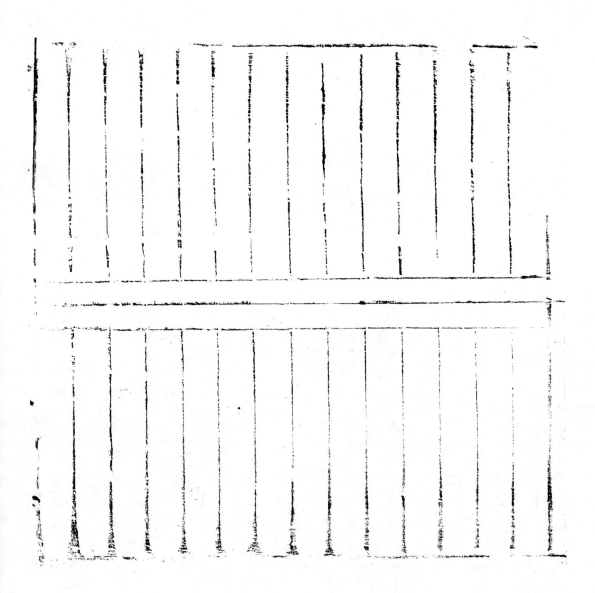

二十三年添撥歲修浚船經費院飯冊項下

光緒二十三年分

三月初九日

一收光緒二十三年添撥歲修浚船經費內應扣存一分院飯庫平足六万两

一收光緒二十三年添撥歲修浚船經費內應扣存一分五釐院冊庫平足[illegible]百两

七月二十四日

一發河務房書吏領本年添撥歲修浚船經費內扣院費冊足九万两

實存庫平足六万两

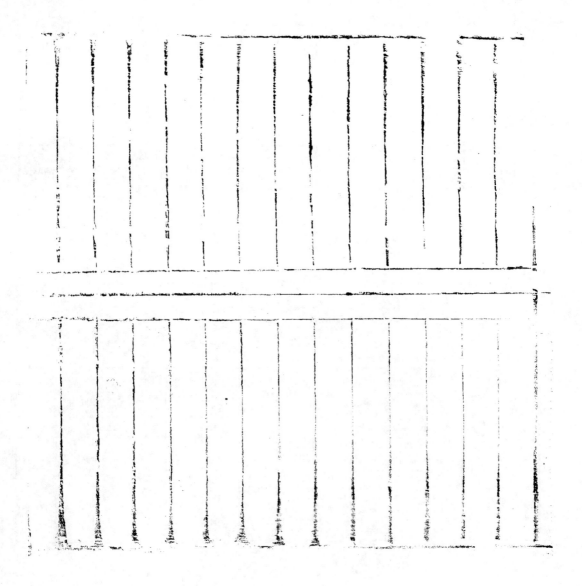

光緒二十叁年分

四月二十六日

一收練餉局撥發預備光緒二十四年磚工經費庫平足十萬兩内

除陳滿局扣六色足一百六十兩外

實收庫平足九萬九千八百四十兩

一發候補同知鄧丞壽禎領由省發解光緒二十四年磚工足兩川費足九十兩

實存庫平足九萬九千七百五十兩

五月初二日

一撥還添撥另案項下墊發五廳領多汛添辦椿料價庫平足七千〇百三十兩零二分八釐

一發三角淀廳領南六工添辦椿料價尾欵庫平足六百九十八兩八分四釐

又領南八工汛添辦稭料價尾欵庫平足二百一十六兩

一發下北廳領預備北五工添辦椿料價庫平足四百五十兩

一發石景山廳代領北中汛添料價七成庫平足七百六十四兩

實存庫平銀一萬零三百九十兩零八分八釐

五月初八日

一發石景山廳領北中汛添料五十垛大稭一千棵先發七成庫平銀一千三百五十八兩

實存庫平銀九千零三十二兩八錢八分

五月十三日

一發南岸廳我領南下汛添辦料尾欠價庫平銀四百七十二兩

一發南岸廳領南下汛添料四十垛先發七成庫平銀一千零〇八兩

實存庫平銀七千五百五十二兩八錢八分

五月二十二日

一發上北廳我領北二下汛三工添辦秸料價尾欠庫平銀二百二十六兩七分二釐

一發南岸廳領南上汛購買穢未價庫平銀二十兩

一撥歸另存先行二十一年磚工報銷部院冊項下庫平銀四百兩

一撥另存先行二十四年磚工報銷紙張費犒庫平銀三百六十兩

實存庫平足六千五百四十六兩一錢六分

六月初八日

一發南岸廳戴頌南二工添辦樁料價庫平足一百六十二兩八錢

一發三角淀頌南六工北上汛添辦樁料價庫平足一百四十八兩八錢

一發下北廳戴頌北五工添辦樁料價庫平足一百七十四兩五錢六分

實存庫平足六千一百二十兩

六月十五日

一發石景山廳戴頌北中汛添辦樁料價庫平足一千八百九十六兩一錢

實存庫平足四千二百二十七兩九錢

六月二十一日

一撥還添撥另案項下墊發北上汛添辦樁料價庫平足四百零三兩七錢六分

一發南岸廳戴頌南下汛續添樁料價庫平足四百八十一兩六錢

一發南岸廳頌南三工添料加添埽段料價庫平足一百一十一兩四錢二分

一發南岸廳領南上汛搶支大汛添廂埽手工價公砝平銀計核庫平銀七十六兩九
錢二分三釐

又發南下汛搶支大汛添廂埽手工價公砝平銀計核庫平銀二百八十八兩四錢
六分一釐五毛

又發南二工搶支大汛添廂埽手工價公砝平銀計核庫平銀七十六兩九
錢二分三釐

又發南四工搶支大汛添廂埽手工價公砝平銀計核庫平銀七十六兩
九錢二分三釐

實存庫平銀二千七百〇七兩八錢八分九釐五毛

七月二十三日

一發石景山廳我領北上汛十號五十三號直堤包膠工程公砝核庫平銀三
百五十一兩六錢七分三釐

一發石景山廳我領北上汛另案加培包膠方價公砝核庫平銀四百八十兩
零七錢六分九釐二毛三絲

一發北中汛員領大堤上下加培土工公砝核庫平足九万六十一兩五錢三分八厘四毫六絲

實存庫平足九万一十三兩九錢零八厘八毫一絲

八月初六日

一發南岸廳我領南上汛大汛添備搶手工價公砝核庫平足一万一十兩

又發我領南二工大汛添雇搶手工價公砝核庫平足六十八兩四錢六分一厘五毫

又發我領南四工大汛添雇搶手工價公砝核庫平足五十八兩零七分六厘九毫

實存庫平足六万七十七兩三錢七分四毫一絲

八月十四日

一發南岸廳我領南下汛大汛添雇搶手工價公砝核庫平足四万五十二兩三錢零七厘七毫

實存庫平足二万二十五兩零六分二厘七毫一絲

十二月初七日

一發南岸廳領南岸磚窑委員同事十二月分車馬費公砝平足列核

一參候補同知鄭丞頎督辦兩岸磚窑十二月薪水車馬費出結平對換庫

換庫平銀五十两〇〇二分四厘

平銀〇十两〇〇錢〇〇厘

、實存庫平銀一百三十〇两六錢三分〇厘七毛一絲

儲備倉急賑備用專款項下

光緒二十三年分

八月十五日

一收本年秋季葦餘銀二百五十二兩八錢

十月二十五日

一收本年葦余項下撥归銀二百五十三兩六分

十一月十四日

一發北六工邱 南四工溫 汎員會領儲備倉急賑備用銀五百零六兩四錢

實存無項

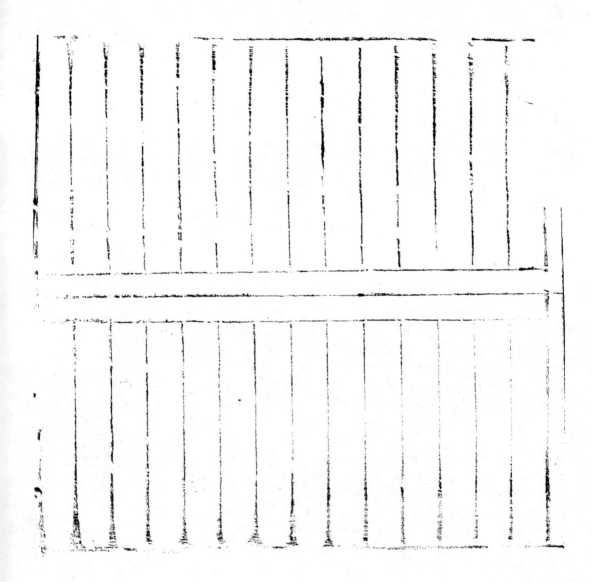

光緒二十三年分

五月二十二日

一收光緒二十四年磚工項下撥用磚工報銷院部冊庫平銀四萬兩

一收二十四年磚工項下撥用磚工報銷核准實領庫平銀三萬六千兩

八月十四日

一提發光緒二十四年磚工報銷部准實領庫平銀三萬六千兩

實存銀四萬兩

十二月初七日

一發河務房書吏領二十四年磚工報銷院冊庫平銀二萬兩

、實存銀二萬兩

光緒二十三年十一月　日

收發本年添撥歲修浚船另案銀兩賬

光緒二十三年分

十一月初七日

一收 藩庫撥發光緒二十四年歲修加額銀四萬兩內除扣六分平

銀二千四百兩又除委員支用月費并

川費共銀二百兩外

實收銀三萬七千四百兩

十一月十一日

一撥歸光緒二十四年歲搶修項下借用庫平銀一萬兩

一撥歸光緒二十三年添撥歲修項下庫平銀一萬兩

一撥歸另存光緒二十四年添撥歲修內扣存部院飯冊庫平銀二千零

四十兩

實存銀二萬五千二百六十兩

十一月二十九日

一收借用建曠項下庫平銀一千兩

撥歲修項下

一發南岸廳領所屬六汛來年歲防搶料價先發七成銀九千零五十三兩二錢四分

一發三角淀廳領所屬五汛來年歲防搶料價先發七成銀四千六百九十六兩七錢二分

一發石景山廳領所屬四汛來年歲防搶料價先發七成銀五千九百七十三兩五錢二分

一發上北廳領所屬四汛來年歲防搶料價先發七成銀三千二百八十兩零六錢二分

一發下北廳領所屬三汛來年歲防搶料價先發七成銀二千七百二十一兩八錢六分

實存銀五万三十三兩零四分

十二月初一日

一墊發委員查勘下口情形川資兵飯庫平銀一百兩

實存銀四万三十三兩零四分

十二月十七日

一發南岸廳領南二工金門閘龍口內築攔水埝捲由埽料價光緒

七成銀三萬二千四兩二錢四分

實存銀一萬零八兩八錢

光緒二十四年分

正月十五日

一發候補府經歷棣良領正月分文案委員薪水公費庫平銀收核

庫平銀二十三兩〇七分六釐九毛

實存銀八十五兩七錢二分三釐一毛

二月初六日

一發候補府經歷棣良領二月分文案委員薪水公費庫平銀收核庫平銀二十

三兩零七分六釐九毛

實存銀六十二兩六錢四分六釐二毛

三月初一日

一發候補府經歷盧棣良領三月分文案委員薪水公砝平銀[illegible]換庫平
銀三十三兩零七分六釐九毛

實存銀三十九兩五錢六分九釐三毛

三月初三日

一收運庫撥發光緒二十四年洩船經費庫平銀一萬兩

一發候補知縣丞順霖領赴津請領本年洩船經費川費並薪水
銀六十兩

實存銀九千九百七十九兩五錢六分九釐三毫

三月初六日

一發庫工房領春季連閏加添紙張公砝平銀[illegible]換庫平銀八十四兩六錢一分
五釐三毛

一發五房公領書吏春季加添紙張公砝平銀卅換庫平銀二十九兩二錢三分
零七毛

一發芦世楷領春季連閏北岸徐律風引子薪水並津貼匠工伙食公砝

平足〤〢〣〤十核庫平足四十四兩八錢六分五釐三毛

又發廿戶世楷領春季連閏北岸桂裡風小工三名工食公砝平足〦〣〢十核庫

平足七十三兩四錢二分三釐

一發南岸廳領春季　大王廟從八奉贍公砝平足〣十核庫平足二十三兩零

七分六釐九毛

一發南四工汛員領春季　大仙堂從八奉贍香資公砝平足四十核庫平

足五兩七錢六分九釐二毛

一發南岸石千總領春季防守汛俱津貼公砝平足捌核庫平足九兩六錢

一分五釐三毛

實存足九千七百二十八兩九錢七分三釐六毛

三月十三日

一收歲搶修項下撥還借用庫平足一萬兩

一收墊發候補同知郭丞芳徵回查勘下口情形川資庫平足一百兩

一撥還添撥另案項下墊發南岸廳我領各汛四成尾款添撥料價足

三千五百九十九兩一錢六分

一撥還添撥另案項下墊發三角陀廠我領各汛四成尾欠添撥椿料價銀一千九百零六兩六錢八分

一撥還添撥另案項下墊發石景山廠我領各汛四成尾欠添撥椿料價銀二千五百零八兩二錢八分

一撥還添撥另案項下墊發上北廠我領各汛四成尾欠添撥椿料價銀一千三百二十四兩三錢八分

一撥還添撥另案項下墊發下北廠我領各汛四成尾欠添撥椿料價銀一千零六十一兩七錢四分

一撥還添撥另案項下墊發南岸廠我領南二金門閘龍口內築埽水佘椿料銀七十四兩三錢五分二厘

實存銀九千三百四十四兩三錢八分一厘六毛

三月十五日

一收藩庫撥發光緒二十四年淺船經費庫平銀一萬兩內除扣

六分平並二分京市共合八百兩外

一發候補主簿孔繁澐領赴省請領本年漕船經費六兩目費並川費

實收六九千二百兩

六十兩

一撥另存光緒二十四年運庫領到漕船經費內應扣八分平庫平六八百兩

一撥另存光緒二十四年漕船經費內應扣存部院飯銀共庫平六一千〇二十兩

一撥還借用建曠項下庫平六一千兩

實存一萬五千六百六十四兩三錢八分一厘六毛

閏三月初五日

一發候補府經歷隸良領閏三月分文案委員薪水公費平六貼補庫平六二十三兩零七分六厘九毛

一發北中汛汪汎員領預借添辦料價庫平六二千兩

實存六一萬三千六百四十一兩三分〇四厘七毛

閏三月十五日

一發南岸廳頒南四工添办秫秸廿棵先發七成ら六十八兩六錢

一發南岸廳頒南下汎添办料九十垛先發七成ら二千二百六十八兩

一發三角淀廳頒南五工添办料十二垛先發七成ら三百零二兩四錢

一發三角淀廳頒南八工汎添办秸料價先發七成ら二百六十兩零四錢

一發石景山廳頒北上中汎添办料三十八垛先發七成ら二千七百七十二兩內除北中汎撥过ら二千兩外實發ら七百七十二兩

實存庫平ら九千九百六十九兩九錢零四釐七毛

閏三月二十四日

一發南岸廳頒南工汎添办料十垛先發七成庫平ら二百五十二兩

實存庫平ら九千七百一十七兩九錢〇四釐七毛

四月十一日

一發石景山廳借頒北上汎添办秸料三成價庫平ら三百兩

一發下北廳頒北五工添办秸料價（半秫秸十二棵）料八垛先發七成庫平ら二百二十兩

零〇八分

一發三角淀廳領南八下汛添辦稭料並架先發七成庫平銀一百二十六兩

一發盧棣良領四月分文案薪水公砝叺核庫平銀二十三兩零七分六釐九毫

實存庫平銀九千零四十八兩七錢四分七釐八毫

四月十八日

一發南岸廳領南三工添辦碎石樁二十棵每一兩〇分先發七成六十九兩六錢

一發都司協守備會領價辦蓆蔴價庫平銀二百兩

實存庫平銀八千八百二十九兩一錢四分七釐八毫

四月二十二日

一發庫工房書吏請領本年夏季加添紙張火公砝平六卄核庫平銀六十三兩四錢六分一釐五毫

一發廳房書吏本年夏季加添紙張火公砝平六卄核庫平銀六十九兩二錢三分〇七毫

一發芦浦司汛員領春夏二季防守迎山嘴薪水公砝平六卄核庫

平足二十八兩八錢四分六厘一毛

一發南岸石千總領本年夏季防守津貼公砝平足捌核庫平足九兩六錢一分五厘三毛

一發芦廠世楷領本年夏季北岸佳裡風司尹薪水飲食小工工食公砝平足叁拾核庫平足八十六兩三錢二分六厘九毛

又發夏季工科銅匠工食並添置材料公砝平足伍十核庫平足四十九兩二錢三分〇七毛

一發南岸廠領本年夏季　大王廟從人春牒公砝平足肆十核庫平足二十三兩〇七分六厘九毛

一發南四工李汛員領本年夏季　大仙堂從人春牒香資公砝平足四核庫平足五兩七錢六分九厘二毛

一發三角淀廠戎領南五工添辦秸料五成庫平足一百二十九兩六錢

一發都司協守備戎領採買蘇蔴價庫平足一百六十兩

實存庫平足八千二百五十三兩九錢九分零五毛

四月三十日

一發南岸廳領南工汛添辦料三成價銀一百零八兩

一發南岸廳領南三工棧領椿價銀九兩四錢

一發南岸廳領南四工棧領椿價銀三十兩零二錢

一發三角澱廳棧領南八工汛添辦椿料價三成銀除和糴料銀兩外實

發銀七十九兩一錢五分二釐

實存庫平銀八千零二十七兩二錢三分八釐五毛

五月初四日

一發都司協守備請領價辦蔡蔴價庫平銀三百兩

一發候補府經歷祿良領文案五月薪水公費平銀收扣核庫平銀二十

三兩零七分六釐九毛

實存庫平銀七千七百零四兩一錢六分一釐六毛

五月初六日

一發北中汛汪汛員領額備添辦料價三成庫平銀六百兩

實存庫平銀七千一百〇四两一錢六分一厘六毛

六月初六日

一發南岸廳找領南下汛添辦料 三成 價庫平銀九百七十二两

又發南岸廳領南下汛添辦椿木價庫平銀八十六两八錢

一發南岸廳領南下汛購買檟價庫平銀十五两

一發下北廳找領北五工添辦稭料價庫平銀九十二两七錢二分

一發三角淀廳找領南[illegible]汛添辦稭料 三成 價庫平銀五十四两

一發都司 守備 協 找領採買檾蔴價庫平銀七十四两五錢二分

一發署理佐律風委員盧世楷領北岸佐律風大汛三個月添募小工三名工食出砝平核庫平銀五十三两一錢三分四厘六毛

又發盧世楷領北岸佐律風大汛三個月添置零星材料出砝平核庫平銀九两六錢一分五厘三毛

又發盧世楷領北岸佐律風大汛三個月發報家人工食出砝平核庫平銀七十两零八錢四分六厘一毛

一發候補府經歷棟良領六月分文案薪水公砝平核庫平合二十三兩零七分六釐九毛

一發石景山汛外委魏和報水字識一名大汛三個月津貼公砝平核庫平合十七兩三錢零七釐六毛

實存庫平合五千六百三十五兩一錢四分一釐一毛

六月十九日

一發石景山廳我領北上中兩汛添料三成價庫平合二百八十八兩

實存庫平合五千三百四十七兩一錢四分一釐一毛

七月十二日

一發工庫房書吏領本年秋季加添飯食公砝平合廿核庫平合六十三兩四錢六分一釐五毛

一發五廳會領書吏本年秋季加添飯食公砝平合卅核庫平合十九兩二錢三分零七毛

一發候補府經歷棟良領七月分文案薪水公砝平合收核庫平合二

十三兩〇七分六厘九毛

一發南岸石千總領本年秋季防守武漢津貼共積平二收積庫平二九兩六錢一分五厘三毛

一發南岸龐領本年秋季大王廟從人養贍共積平二收積庫平二二十三兩〇七分六厘九毛

一發南四工李訊貢領本年秋季大王廟從人春膳香資共積平二收積庫平二五兩七錢六分九厘二毛

一發盧世楷領本年秋季北岸法律風水工三名工食共積平二收積庫平二五十三兩七錢六分

又發本年秋季北岸法律風目子薪水伙食並津貼工匠伙食共積平二收積庫平二三十三兩六錢

實存二五千一百一十五兩五錢五分〇六毛

八月初九日

一發候補府徑盧棣良領八月分文案薪水共積平二收積庫平二二十

三兩〇七分六厘九毛
一發廣濟司巡檢陳人龍領本年秋季防守近山嘴薪水工食平六[illegible]十撥
庫平六十四兩四錢二分三厘
實存六五千零七十八兩〇五分〇七毛
九月初三日
一撥歸添撥另案項下借用庫平六一千兩
一發候補府經歷陳良領九月分文案薪水工食庫平六二十三
兩零七分六厘九毛
一發上北廳領北三工添辦稭料一架價六三十六兩
實存庫平六四千零一十八兩九錢七分三厘八毛
九月十五日
一發南岸廳領南三工六号埽肩埽段添辦稭料價先發七成庫
平六一千五百一十六兩二分九分五厘二毛
一發上北廳戕領北二下汛大汛防險庫平六九十三兩四分〇四厘八毛

一發南岸廳找領各汛防險庫平六五万九十一兩六錢六分三厘

一發北中汛汪汛員領上年奉准修理廂工各款庫平六二万兩核庫平六一万九十二兩

一發南岸廳領南二工添辦十六號險工加倍土工六〤〣〢兩先發七成各款庫平六〢〡〢〡兩核庫平六三万一十三兩五分五分五厘四毛

實存庫平六一千叁一十二兩〇五分五厘四毛

九月二十六日

一發石景山廳領北下汛添辦土工各款庫平六〤〣〥兩先發七成六〣〤〢兩核庫平六三万七十二兩八分一分〇五毛

實存庫平六九万叁十九兩二錢四分四厘九毛

十月初七日

一發工北廳領北二下汛添辦秸料價六一万四十四兩

一發下北廳領北六工備領廂工六庫平六二万兩

一發盧溝良領十月分文東薪水各款收十核庫平六二十三兩〇七分六厘九毛

一撥歸本年碑工項下借用庫平銀二万兩

實存庫平銀三万七十二兩一分六厘八毫

十月二十九日

一收來年歲搶修項下撥還墊發南三工添辦楷料價庫平銀一千二百四十兩〇五錢四分

一撥歸本年碑工項下借用庫平銀二万兩

一發庫工房書吏甘浩領本年冬季加添飯食公費庫平銀六十六核庫平銀六十三兩四分六厘一毫五毛

一發五廳會領書吏本年冬季加添飯食公費庫平銀二十兩核庫平銀十九兩二分三厘〇七毛

一發芦漁口陳汛員領本年冬季防守迎山嘴薪水公費庫平銀十五核庫平銀十四兩四分二厘三毫

一發芦世楷領本年冬季北岸協辦風口下薪水伙食津貼工匠伙食等項公費庫平銀州十核庫平銀三十

三兩六錢

又發本年冬季北岸伏律民水工三名工食公砝平六[illegible]核庫平五十四兩九分七厘九毫二毛

一發南岸廳戎頭南二工十六號加倍土方價公砝平六[illegible]核庫平六一百三十四兩三錢八分〇九分

一發南岸廳戎頭南三工搶廂埽段兵廠搶埽手土方公砝平六[illegible]核庫平六一百二十八兩一錢八分〇八毛

一發三角淀廳頭南六工禦埽捻廂添夫搶手運料腳價實兵來手公砝平六[illegible]核庫平六三十九兩二錢〇三厘五毛

一發石景山廳戎頭北下汛添辦土工三成公砝平六[illegible]核庫平六一百五十九兩五錢二分〇三毛

一發南岸千總伏秋汛頭本年冬季防守減堤津貼公砝平六[illegible]核庫平六九兩六錢一分五厘三毛

一發南四工李汛頭本年冬季大仙堂值人奉贍香資公砝平六[illegible]

一發南岸廳領本年冬季　大王廟旗人春贍公費平〻收十族庫平
族庫平〻五兩七錢六分九釐二毛
〻二十三兩〇七分六釐九毛
實存庫平〻七百三十七兩二錢六分六釐七毛
十一月初十日
一發候補府經盧棟良領十一月分文案薪水公費平收十族庫平〻二十三兩
零七分六釐九毛
實存庫平〻七百一十四兩一錢八分九釐八毛
十二月初八日
一發試用府經盧棟良領十二月分文案薪水公費平收十族庫平〻二
十三兩零七分六釐九毛
實存庫平〻六百九十一兩一錢一分二釐九毛
補十月初二日
一收二十四年濟撥另案項下節出備用〻一千兩

一收二十五年碎工項下撥出借用銀六百兩

一發各汛挖除添加土工方價庫平銀一千二百五十三兩

實存銀八百三十九兩四錢九分六釐二毫

光緒二十四年分

正月二十三日

一收 籌賑局撥發本年添撥另案工程公砝平銀四萬五千兩扣一零三五平核庫平銀肆萬三千四百七十八兩二錢六分

一發 河營都司李啟琮 候補縣丞劉兆霖 会領赴津請領本年添撥另案銀兩川貴公砝平銀以万扣兩核庫平銀一万一十九兩八錢〇六釐七毛

實存庫平銀四萬三千二百五十八兩〇分五釐三毫三毛

二月初六日

一墊發南岸廳找領各汛六成尾閒秋防稭料價銀四千七百四十七兩零四分

一墊發三角淀廳找領各汛六成尾閒秋防稭料價銀二千二百六十一兩二錢

一墊發石景山廳找領各汛六成尾閒秋防稭料銀三千五百六十三兩三錢

一墊發上北廠戗頭各汛六成尾內支防埽料價銀二千七百八十五兩八分四厘

一墊發下北廠戗頭各汛六成尾內支防埽料價銀一千六百零九兩七錢

一墊發南岸廠戗頭各汛四成尾內搶埽料價銀三千五百九十九兩一分六厘

一墊發三角淀廠戗頭各汛四成尾內添搶埽料價銀二千九百零六兩六分八厘

一墊發石景山廠戗頭各汛四成尾內添搶埽料價銀二千五百零八兩二錢八厘

一墊發上北廠戗頭各汛四成尾內添搶埽料價銀一千三百二十四兩三錢八厘

一墊發下北廠戗頭各汛四成尾內添搶埽料價銀一千零六十一兩七錢四厘

一墊發南岸廠戗頭南二工金門閘龍口西築攔水埝埽料價銀七十四兩三錢五

厘 毫

一墊發南岸廠頭南上汛購買木椿價銀四十兩

又墊盧溝司購買木椿價銀十兩

又墊發南下汛購買木椿價銀二十三兩五錢

一墊發南岸廠頭盧溝司修理石工積頭工料價銀四百兩

一墊發北六工郎汛具領修理倉房銀三百兩

實存庫平足一萬八千一百四十四两二錢八分一厘三毛

二月二十四日

一撥归本年磚工項下借用庫平足四百两

一撥另存光緒二十四年添撥另案內扣存一分加倍院部銷費公砝平足九百两核庫平八百六十九两五分六分五厘

實存庫平足一萬六千八百七十四两七錢一分六厘三毛

三月初六日

一發南岸廳領南上二下三四汛汛房工價公砝平足一百五十九核庫平足一百五十三两六分二分三厘一毛

一發三角淀廳領南五工汛房工價公砝平足十五核庫平足十四两四分九分二厘七毛

一發北岸廳領北三工移蓋汛房工價公砝平足十二核庫平足十一两五分九分四厘二毛

實存庫平足一萬六千六百九十五两〇〇六厘三毛

三月十三日

一汛歲搶修項下撥還墊發五廳領各汛六成歲防搶料價並南上南下芦

滿目概價灰石價共庫平六一萬四千

四百三十九兩五錢八分

一汊涂埝戗修項下埝遝墊發五廳頭各汛四成尾淤涂埝椿料價並

南二工金門閘就口內築埝捲由工料價

共六一萬零四百七十四兩五錢九分二釐

一發南岸廳頭各汛加倍土工方價七成公砝平六[illegible]核庫平六二千三百七十二兩

零〇四釐二毛五絲

一發三角淀廳頭南北六工北上の汛加倍土工方價七成公砝平六[illegible]核庫平六一千

三百零一分三釐九毛

一發石景山廳頭各汛加倍土工方價七成公砝平六[illegible]核庫平六二千三百九十五

兩三錢零三釐九毛

一發上北廳頭北二下北三工四汛加倍土方價七成公砝平六[illegible]核庫平六八百零七兩

二錢六分三釐

一發下北廳頭各汛土工方價七成公砝平六[illegible]核庫平六六百五十五兩九

錢五分五釐四毛

一發候補同知郭丞晶領南八下汛加幫土工方價銀內出碎平六三万換庫平六弍

万七十二兩九錢〇分六釐八毛

一發南岸廳領南二工全門閘捆廂大面簽釘樁木公費平六卅三四万換庫平六二

万一十九兩九錢三分二釐三毫

一發五廳領查勘下口情形川資出碎平六各計兩共換庫平六二万四十一兩五

錢四分五釐五毛

一發郎同李政綜 同知郭丞 北中汛延庚 會領查勘黃下口情形川資出碎平六各計兩共換庫平六

一万四十四兩九錢二分七釐三毛

一發淮補吳橋縣丞吳友賢領查勘下口情形川資出碎平六計換庫平六

四十八兩三錢零九釐一毛

一發南六工謝 南四工李福銘 北二工李錡 南岸把總張鳳翔 候補從九譚錦琮 領查勘下口情形川資出碎平六各卅換庫

平六一万四十四兩九錢二分七釐五毛

實存庫平六三萬二千五万零一兩零四分九厘三毛五絲

三月十九日

一汎儲備倉賬款項下撥還墊發北六工郎汎員領修理倉房庫平銀三万兩

實存庫平銀三萬二千八百零一兩零四分九厘三毛五絲

三月二十一日

一發石景山廳領北上中下三汎修蓋汎房價公砝平銀玖十核庫平銀六十六兩六錢六分六厘六毛

一發上北廳領北二下汎添蓋汎房工料價公砝平銀[illegible]十核庫平銀二十六兩零八分零七毛二絲

一發下北廳領北五工拆蓋汎房工料價公砝平銀二十四兩核庫平銀二十三兩錢八分八厘四毛

一發三角淀廳領南五工七号添估加培土工方價七成公砝平銀[illegible]核庫平銀一百一十五兩三錢零九厘七毛四絲

一發南岸廳領所屬各汎土牛方價七成公砝平銀[illegible]核庫平銀七百九十九兩六錢二分三厘一毛八絲

一發三角淀廠領所屬南北七汛之の汛土牛方價七成公項平六〡〨〤〤万撥庫平六二万
四十七兩八錢零六厘七毛六絲

一發石景山廠領所屬各汛土牛方價七成公項平六〡〤〣〢万撥庫平六二万三十四兩
五錢五分零七毛二絲

一發上北廠領所屬各汛土牛方價七成公項平六〣〢〣万撥庫平六二万一十三兩六
錢五分二厘一毛七絲

一發下北廠領所屬各汛土牛方價七成公項平六〡〤〤〢万撥庫平六二万三十六兩
八錢五分零二毛四絲

實存庫平六三萬零八万三十七兩三錢二分零八毛二絲

三月二十五日

一發南四工李汛員領改修

大仙堂添蓋大公館工料價先發庫
平銀五万兩

實存庫平六三萬零三万三十七兩三錢二分零八毛二絲

閏三月初五日

一發石景山廳頒北工汛修建鐵車房屋七成公砝平銀[illegible] 核庫平銀二万二十六兩六錢一分四厘六毛

一發南岸廳頒南三工署外建房盖兵房七成公砝平銀[illegible] 核庫平銀一万八十九兩三錢七分一厘九毛

一發南岸廳頒南下汛凌汛搶險公砝平銀[illegible] 核庫平銀八十二兩二錢零八厘六毛

實存庫平銀二万九千八百三十九兩一錢二分五厘七毛二[illegible]

閏三月十五日

一發南岸廳頒各汛秸埽手埽土先發七成公砝平銀[illegible] 核庫平銀一千五百九十五兩七錢八分二厘八毛

一發三角淀廳頒各汛秸埽手埽土先發七成公砝平銀[illegible] 核庫平銀六百零六兩七錢二分五厘七毛

一發石景山廳頒所屬各汛秸埽手埽土先發七成公砝平銀[illegible] 核庫平銀一千九百一十四兩四錢四分四厘五毛

一發上北廳領所屬各汛椿埽手埽土先發七成公砝平[illegible]百 核庫平合三百五十七兩六錢五分七厘三毛

一發下北廳領所屬各汛椿埽手埽土先發七成公砝平[illegible]百 核庫平合二百二十四兩九錢九分五厘四毛

一發南岸廳領所屬各汛歲工兵餉先發七成公砝平[illegible]百 核庫平合七百一十九兩九錢九分一厘七毛

一發三角淀廳領所屬各汛歲工兵餉先發七成公砝平[illegible]百 核庫平合五百七十八兩五錢三分一厘四毛

一發石景山廳領所屬各汛歲工兵餉先發七成公砝平[illegible]百 核庫平合三百八十九兩九錢三分七厘一毛

一發上北廳領所屬各汛歲工兵餉先發七成公砝平[illegible]百 核庫平合三百四十二兩四錢一分八厘三毛

一發下北廳領所屬各汛歲工兵餉先發七成公砝平[illegible]百 核庫平合二百五十八兩八錢九分一厘七毛

一發候補州判胡廢李廻檢長清主簿劉燨 孙丞順霖潘錫琮快风翔 主簿唐煦從九李鐸把總李錫祉領協防淩汛薪水公砝平〻各四[illegible]
共核庫平〻五十二两一錢七分三厘九毛
實存庫平〻二萬二千七百九十七两五錢七分五厘九毛二丝
閏三月二十四日
一發南の工李汎員領改修大仙堂添蓋大公廠房間工料價庫平〻三百两
一發石景山廳領北上石堤添蓋厰車房廈工料價公砝平〻[illegible]核庫平〻一百一十九两六錢一分三厘五毛
一發下北廳領北六工九號挑撂土方價公砝平〻[illegible]核庫平〻九十三两九錢一分三厘
實存庫平〻二萬二千六百四十〇两〇〇分九厘〇毛二丝
四月十一日
一發南岸廳領南下汛添挑土牛方價公砝平〻[illegible]核庫平〻一百七十两零八分九厘六毛

一發南岸廳領南二工改挑土工加添方價公砝平六〤〡〢十按庫平六四十二兩三錢二分一釐七毛

一發南岸廳領南四工加添土工方價公砝平六〣〡〤十按庫平六七十兩零七錢九分一釐三毛

一發三角港廳領南五工淩汛搶險做埽積手卸交兵搬廿項公砝平六〡〤〢〡方按庫平六一百五十一兩四錢二分六釐

一發三角港廳領南六工三號新險加倍子埝挑積土半方價公砝平六〡〢〡〣方按庫平六一百零一兩八錢一分七釐三毛

一發下北廳領北六工十四號添做新埽積埽手土方價公砝平六〡〇〡〢方按庫平六一百零五兩九錢二分四釐六毛

一發三角港廳領南六工建蓋汛盖五間公砝平六〢〥〡按庫平六二十八兩九錢八分五釐五毛

一發三角港廳領南八下汛添築土埝公砝平六〢〤〡十按庫平六二十五兩零四分三釐四毛

一發候補同知郭丞領挑求賢撥引水溝方價公砝平六七成陸〣兩。核庫平六
一百八十四兩零三分七厘一毛
一發南四工李汛員領改修大社堂並添蓋大右號房閘工料價庫平六
二百兩
實存庫平六二萬一千二百零四兩六錢一分二厘九毛二乙
四月十三日
一發南岸廳領南下汛續估土工土牛方價共准公砝平〡〨〇〣兩核庫平六一百
四十五兩二錢七分五厘三毛
一發南岸廳領南二工續挑土牛方價公砝平〤十核庫平六三十八兩六錢
〇分七厘三毛
一發候補縣丞刘兆霖領赴津解送淺船六分平並照信股票六兩
川費公砝平六〤十核庫平六三十八兩六錢
〇分七厘三毛
一發置買槍藥銅帽皮帶鉛丸共項庫平六四十六兩八錢三分五厘

一墊發北岸廳工房書吏請領造外光緒二十五年北中北六小旱口大工報銷
冊籍薪水帋比公砝平銀一万兩核庫平
銀九十六兩六錢一分八厘三毛
實存庫平銀二萬零八百三十八兩五分八分九厘七毛二絲
四月二十二日
一發南岸廳借領各汛加倍土工方價公砝平銀[illegible]核庫平銀五万七十九兩七分
一分零一毛
一發三角淀廳借領各汛加倍土工方價公砝平銀[illegible]核庫平銀二万八十九兩八錢五
分五厘
一發石景山廳借領各汛加倍土工方價公砝平銀[illegible]核庫平銀五万七十九兩七
錢一分零一毛
一發上北廳借領各汛加倍土工公砝平銀[illegible]核庫平銀一万九十三兩二錢三
分六厘七毛
一發下北廳借領各汛加倍土工方價公砝平銀[illegible]核庫平銀一万四十四兩

九錢二分七釐五毫

一發南岸廳借領各汛稭埽手埽土公砝平六〤百稭庫平六三百八十六兩四錢
七分三釐四毫

一發三角淀廳借領各汛稭埽手埽土公砝平六〡〥百稭庫平六一百四十四兩九
錢二分七釐五毫

一發石景山廳借領各汛稭埽手埽土公砝平六〥百稭庫平六四百八十三兩
零九分一釐七毫

一發上北廳借領各汛稭埽手埽土公砝平六〡〇〇稭庫平六九十六兩六錢
一分八釐三毫

一發下北廳借領各汛稭埽手埽土公砝平六〦〇稭庫平六五十七兩九錢
七分一釐

一發三角淀廳領南六工搶險添雇民夫兵手並運料腳價公砝平六[illegible]
稭庫平六一百七十六兩九錢八分七釐四毫

實存庫平六一萬七千七百零五兩零八分一釐零二乙

四月三十日

一發石景山廳領本年備存防險庫平六万兩

一發南岸廳領本年備存防險庫平六万兩

一發上北廳領本年備存防險庫平四万兩

一發下北廳領本年備存防險庫平四万兩

一發三角淀廳領本年備存防險庫平五万兩

一發南岸廳領各汛防險庫平三万兩　蘆三十兩　南上八十兩　南下四十兩　南二三四各五十兩

一發三角淀廳領各汛防險庫平二万二十五兩　南五五十兩　南六四十兩　南七八各六十兩　下八十五兩

一發石景山廳領各汛防險庫平一万九十兩　北上四十兩　北中六十兩　北下五十兩　北三四十兩

一發上北廳領各汛防險庫平一万七十兩　下工四十兩　北三六十兩　北四上三十兩　北四下四十兩

一發下北廳領各汛防險庫平一万二十五兩　北五四十兩　北六五十兩　北七三十五兩

一發南岸廳領各汛器具庫平一万四十兩　南上四各三十兩　蘆南三下各二十兩

一發三角淀廳領各汛器具庫平九十兩　南五六七八各二十兩　下閘十兩

一發石景山廳領各汛器具庫平九十五兩　北上中下三各二十兩　武汛十五兩

一發工北廠領北各汛器具庫平足八十兩　北三下の上の下各二十兩

一發下北廠領各汛器具庫平足六十兩　北六之七各二十兩

一發石千總領減堤器具庫平足九兩六錢六分一厘八毛

一發南岸廠領南三工搶運料垛腳價公核平足伍拾核庫平足四十九兩一錢八分七厘四毛

一發南岸廠戎領南三工界外建蓋兵民房三成公核平足貳拾核庫平足八十一兩一錢五分九厘四毛

實存庫平足一萬四千五百九十兩零〇七分二厘〇毛二乙

五月初四日

一發三角淀廠領南八下汛添佔子埝土方先發七成公核平足柒拾核庫平足七十五兩八錢八分四厘

一墊發北六工郎汛員領預備磚工庫平足叁百兩

實存庫平足一萬三千二百一十四兩一錢八分八厘四毛二乙

五月初六日

一撥同年年碑工礦下借用庫平足一万两

實存庫平足一萬三千一百一十四两一錢八分八厘四毛二乙

六月初六日

一撥遞伐捡修項下墊發盧溝口修理石工出餘平足[illegible]千核庫平足一千四百两

一發遞建腰項下墊發育嬰牛痘局發商生息回平足[illegible]核庫平足二百九十五两八錢

一發南岸廠我項各汛加倍土工方價出餘平足[illegible]核庫平足四百三十六两八錢五分九厘三毛

一發三角淀廠項各汛加倍土工方價出餘平足[illegible]核庫平足二百六十九两四錢三分六厘六毛

一發石景山廠項各汛加倍土工方價出餘平足[illegible]核庫平足四百四十六两八錢四分八厘六毛

一發上北廠項各汛加倍土工方價出餘平足[illegible]核庫平足一百五十二两七錢三分三厘一毛

一發下北廠項各汛加倍土工方價出餘平足[illegible]核庫平足一百三十六两一錢九分六厘二毛

一發南岸廠我項各汛土半方價出餘平足[illegible]核庫平足三百四十二两六錢九分五厘六毛

一發三角淀廠項各汛土半方價出餘平足[illegible]核庫平足一百零六两二錢〇二厘八毛

一發石景山廠項各汛土半方價出餘平足[illegible]核庫平足二百两〇〇一錢八分八厘二毛

一發上北廠項各汛土半方價出餘平足[illegible]核庫平足九十一两四錢三分七厘五毛

一發下北廠領各汛土牛方價公砝平ム核庫平ム一万○一兩五錢○七釐二毛

一發南岸廠我領各汛春工兵飯公砝平ム核庫平ム三万○八兩五錢七分四釐四毛

一發三角浞廠領各汛春工兵飯公砝平ム核庫平ム二万○十七兩六錢五分二釐一毛

一發石景山廠領各汛春工兵飯公砝平ム核庫平ム一万六十七兩一錢一分五釐九毛

一發上北廠領各汛春工兵飯公砝平ム核庫平ム一万四十六兩七錢五分○七毛

一發下北廠領各汛春工兵飯公砝平ム核庫平ム八十一兩九錢六分八釐一毛

一發南岸廠我領各汛秸埽手埽土公砝平ム核庫平ム二万九十七兩四錢三分三釐四毛

一發三角浞廠領各汛秸埽手埽土公砝平ム核庫平ム一万一十五兩○七分七釐七毛

一發石景山廠領各汛秸埽手埽土公砝平ム核庫平ム三万三十七兩三錢八分○釐○毛

一發上北廠領各汛秸埽手埽土公砝平ム核庫平ム五十六兩六錢六分三釐三毛

一發下北廠領各汛秸埽手埽土公砝平ム核庫平ム三十八兩四錢五分五釐六毛

一發南岸廠領各汛協防委員薪水五月分公砝平ム核庫平ム三万○十兩

零九分六釐六毛

一發三角浞廠領各汛協防委員五月分薪水公砝平ム核庫平ム二万二十

一發石景山廳領各汛協防委員五月分薪水公費銀平足〡〩〢兩核庫平足一百九十九兩六錢〇八分六厘九毛

一發工北廳領各汛協防委員五月分薪水公費銀平足〡〩〢兩核庫平足一百九十一兩三零三分三厘〤毛

一發下北廳領各汛協防委員五月分薪水公費銀平足〡〤〩兩核庫平足一百五十八兩〇分錢〇四厘三毛

五分四厘一毛

一發河營都司李啟瑞 候補知縣 丞史記言 候補府經 芦棟良 領五月隨餉薪水公費銀平足各〣〧十兩核庫平足〣〤〤〦共足七十二兩〇分六分三厘五毛

一發南岸廳兆領芦溝司原准修理石工公費銀平足〣〤〣〥兩核庫平足八百二十五兩四錢二分六厘五毛

又發芦溝司續准修理石工公費銀平足〣〡〣〡兩核庫平足二百五十九兩五分二分六厘一毛

一發三角淀廳領南八工汛凌汛搶險公費銀平足〢〤〦〣十兩核庫平足十三兩一分〇四厘三毛

一發石景山廳領建蓋鉄房三所價公費銀平足〣〤〥〢〣十兩核庫平足九十七兩一分二分〇五毛

一發三角淀廳領南五工添加土工共砝平足〡〤〥〨〢 核庫平足一万六十四兩七分二厘八毫二毛

一發三角淀廳領南八下汛添佑子埝共砝平足〣〢〡〢 核庫平足三十二兩五分二厘一毫七毛

一發南四工李汛員戎領改修 大仙堂添蓋大土壩房間工程共砝平足〤〥〡 核庫平足九兩一分三厘〇四毛

一發南四工李汛員領大土壩添做各工共砝平足〥〣〢〣 核庫平足一万九十兩〇三分二厘六毫五毛

一發廳李氏領恤賞共砝平足〡〢十 核庫平足十五兩四錢五分八毫九毛

實存庫平足四千六百四十二兩三錢九分五毫三毛二絲

六月十一日

一發石景山廳領北上下汛十四五三號挑壩做埽廿七七成共砝平足〥〥〥〢 核庫平足六百八十三兩一錢五分八毫〇六絲

一發石景山廳領北二工汛險工土牛加價共砝平足〤〦 核庫平足四十八兩三分〇九毫

一發候補同知郭丞戎領北三工戎買壩挑挖引水溝工價三成共砝平足〣〦〥〡十 核庫平足七十一兩八錢七分三毫〇四絲

實存庫平足三千八百三十二兩〇五分五毫二毛二絲

六月十九日

一發北中汛汪汛員領預備大汛添雇撈手長夫工價庫平銀八万兩

一發南岸廳領南工汛搶防土牛公積平銀計撥庫平銀七十七兩二錢九分四釐六毛

一發固安縣典史領五月分防庫藥料出積平銀扣撥庫平銀十三兩五錢二分六釐五毛

一我發下北廳屬三汛春工兵餉公積平銀扣撥庫平銀二十八兩九錢八分五釐五毛

實存庫平銀二十九万一千二百二兩二錢四分八釐六毛二乙

六月二十九日

一發南岸廳領所屬各汛大汛添雇撈手工價先發庫平銀五万兩

一發三角淀廳領所屬各汛大汛添雇撈手長夫工價先發庫平銀三万兩

一發石景山廳領所屬北二工汛大汛添雇撈手工價先發庫平銀六千兩

一發上北廳領所屬北三工大汛添雇撈手工價先發庫平銀六千兩

一發下北廳頒訂房北六五兩汛大汛添建樁手工價先發庫平足一万五十兩

一發下北廳頒北七工大汛添建樁手半排十天工價公砝平〣〤十 核庫平足十九兩七錢一分〇一毛

一發南岸廳頒南下汛移運料柴腳價公砝平足〢〤十 核庫平足九十兩零七錢三分七厘二毛

實存庫平足一千七百三十一兩八錢零一厘三毛六乙

七月十二日

一撥歸本年磚工項下借用庫平足二百兩

一發南岸廳頒訂房各汛協防委員六月分薪水公砝平足〣〨百 核庫平足三百四十兩零九分六厘六毛

一發三角淀廳頒訂房各汛協防委員六月分薪水公砝平足〢〤百 核庫平足二百二十六兩〇八分六厘九毛

一發石景山廳頒訂房各汛協防委員六月分薪水公砝平足〣〥百 核庫平足一百九十九兩〇三分三厘八毛

一發上北廳領所屬各汛協防委員六月分薪水公費平銀[illegible]核庫平銀一百九十一兩三錢零四釐三毛

一發下北廳領所屬各汛協防委員六月分薪水公費平銀[illegible]核庫平銀一百五十八兩四錢五分四釐一毛

一發河營都司李啟璐 主簿曹廷璐 候補縣丞史祀言 府經盧棣良 分領六月分隨轅薪水公費平銀各[illegible]核庫平銀共銀九十六兩六錢一分八釐

一發固安縣典史領六月分防庫薪水公費平銀[illegible]核庫平銀十三兩五錢二分六釐五毛

一發北岸千總時永安領五六月防庫薪水公費平銀[illegible]核庫平銀十九兩三錢二分三釐六毛

一發石景山廳北岸上下兩汛桃埧歲搶工程公費平銀[illegible]核庫平銀一百八十三兩○三分五釐一毛

實存庫平銀一百零四兩二錢二分二釐○毛二絲

七月三十日

一汎綫兕河土埽工程項下撥归庫平銀一千九百〇三兩三錢八分一厘六毛
一發甯岸廳領所屬各汛协防委員七月分薪水公費庫平銀〣〤百核庫平銀三百四
十兩零九分六厘六毛
一發三角淀廳領所屬各汛协防委員七月分薪水公費庫平銀〣〤百核庫平銀二百
二十六兩零八分六厘九毛
一發石景山廳領所屬各汛协防委員七月分薪水公費庫平銀〣〨百核庫平銀一百九十
九兩零三分三厘八毛
一發上北廳領所屬各汛協防委員七月分薪水公費庫平銀〡〤〥百核庫平銀一百九
十二兩三錢零四分三厘三毛
一發下北廳領所屬各汛協防委員七月分薪水公費庫平銀〡〤百核庫平銀一百五
十八兩零五分四厘一毛
一發河營都司李啟瑞候補縣丞史記言、主簿曹廷縣、府經歷陳秋良等七月分薪水公費多〢十核庫平
銀九十六兩六錢一分八厘
一發固安縣典史領七月分防汛薪水公費庫平銀〤十核庫平銀十三兩五錢

二兩六釐五毛

一發候補縣丞史祀言領查勘下游河流情形川費公様庫平銀二十
八兩九錢八分五釐五毛

實存庫平銀七萬五十三兩五錢九分八釐三毛二乙

八月初九日

一收石景山廳繳回備存防險庫平銀五萬兩

一收石景山廳繳回防險北上汛庫平銀二兩五錢四分六釐

一收南岸廳繳回備存防險庫平銀一萬五千兩

一發南岸廳領南下汛預借稭手工價庫平銀二萬兩

實存庫平銀一千二萬零六兩一錢四分四釐三毛二乙

九月初三日

一收借用添撥歲修項下庫平銀一千兩

一收三角淀廳繳回本年大汛備存防險庫平銀二萬兩

一收南五工應繳防險庫平銀一萬一十四兩五錢五分

一汛南六工應徵防險庫平〇五十兩
一汛南八上汛應徵防險庫平〇二十一兩六錢
一和汛南七上主汛買麥工候皈帰段節省庫平〇十一兩九錢一分四釐
一撥歸東岸磚工項下庫平〇一千兩
一墊發下北廳工房書吏請領造辦光緒二十二年北中北六汛旱口大工報銷冊費
及節省公費庫平〇扣核庫平〇一百九十三兩
二錢三分六釐六毛
一發北千總叱承志戒領防庫薪水公費庫平〇扣核庫平〇九兩六錢
六分一釐八毛
一發南岸廳戒領所屬五汛大汛添雇樁手工價公費庫平〇扣〃核庫平〇四
百一十九兩五錢三分六釐二毛
一發三角淀廳戒領所屬四汛大汛添雇樁手並長夫工價公費庫平〇扣〃核庫
庫平〇五千四十六兩二錢三分一釐
一發石景山廳戒領北中北上四汛大汛添雇樁手並長夫工價公費庫平〇扣〃核庫

一發上北廳領所屬北三工大汛淤屁椿手工價公砝平銀〣〡十換庫平銀七十

平多五万四十二兩五錢二分一釐七毛

四兩零二分八釐九毛

一發下北廳領所屬北五六兩汛大汛淤屁椿手公砝平銀〣〤万換庫平銀三万六

十四兩四錢三分四釐

實存庫平銀叁万五十四兩五錢五分八釐一毛二乙

九月十五日

一收前候補同知郭丞繳回南八下汛十一號至二十七號加倍麦工核減

節省公砝平銀一万八十九兩七錢八分五

釐一毛 內除撥發南八下汛修理廟工公

砝平銀三十一兩一錢三分 外實收公

砝平銀〡〣〤万換庫平銀一万五十二兩八

錢〇六釐八毛

一發北三工莫汛員領匾價庫平銀三万兩

实存库平银二百零七两三钱六分四厘九毛二乙

十月二十九日

一收三角淀厅缴回本年大汛备存防险银二十六两

一收南上汛应缴防险银三十二两七钱二分二厘

一收南四工应缴防险银五十两

一收南七工应缴防险银十九两三钱七分

一收北中汛应缴防险银四钱六分五厘

一收北下汛应缴防险银四十三两一钱八分二厘

一收北二工汛应缴防险银十二两七钱二分八厘

一收北四上汛应缴防险银三十两

一收北四下汛应缴防险银四十两

一收北五工应缴防险银七两三钱六分

一收北七工应缴防险银二十二两八钱二分六厘一毛

实存库平银四百九十二两〇一分八厘〇二乙

十一月初十日

一汛下北廳繳回大汛備存防險庫平銀二千七十四兩九錢零九厘

一發三角淀廳領南七工建蓋看守柳株房屋工價公砝平廿十核庫平銀二十兩零二錢五分六厘

實存庫平銀七百四十六兩六錢七分一厘零二五

十一月二十二日

一發北三工莫汛員領各汛區額價庫平銀三千五十六兩八錢七分二厘

實存庫平銀三千八十九兩七錢九分九厘〇二五

十二月十三日

一汛來年磚工項下撥還墊發北六工磚工庫平銀三千兩

實存庫平銀六千八十九兩七錢九分九厘零二五

十二月二十一日

一汛本年添撥戧修沒船部費項下撥還墊發北岸廳工房書吏經辦理光緒二十二年北中大工報銷部費

實撥公砝平銀兩換庫平銀二百八十
八兩四錢六分

實存庫平銀九百七十八兩二錢五分九釐零二乙

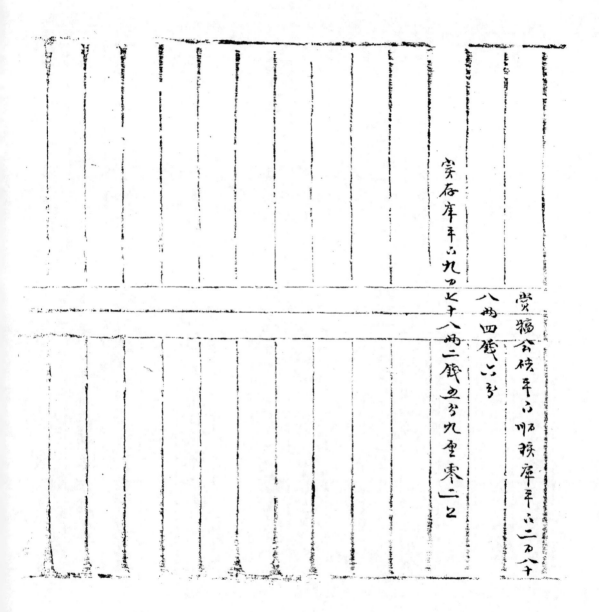

光緒二十四年分

閏三月初五日

一收　籌賑局撥發錢兒河上下土埽工程公核平銀二千兩折一零三五核庫平銀一千九百三十二兩三錢六分七厘一毛

一發候補縣丞單晉蘇領赴津請領錢兒河工程銀兩川費公核平折核庫平銀二十八兩九錢八分五厘五毛

實存庫平銀一千九百零三兩三錢八分一厘六毛

七月三十日

一撥歸添撥另案項下庫平銀一千九百〇三兩三錢八分一厘六毫

實存無項

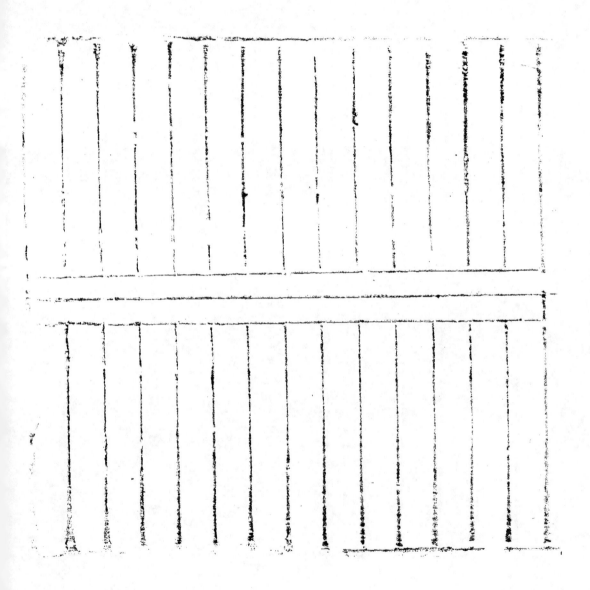

二十三年鄂存添撥另案項下

光緒二十四年分

一存光緒二十三年添撥另案庫平銀一百一十兩零三錢二分七厘
零八絲五忽三微

三月十九日

一收備倉賬款項下撥還墊發北六郎況省領修理倉房銀三千兩

實存庫平銀三千一百一十兩零三錢二分七厘〇八絲五忽三微

閏四月二十四日

一發六房書吏安武領修理科神祠工料價銀三千兩

一提修理衙署庫平銀一百一十兩〇三錢二分七厘〇八絲五忽三微

實存無項

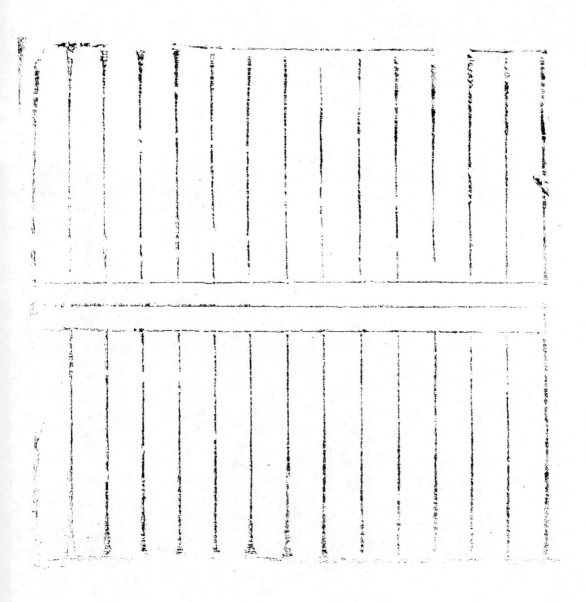

二十三年節存防汛搶險費項下

光緒二十四年分

一存光緒二十三年防汛搶險費庫平銀二百一十二兩六錢九分一釐零〇三絲

三月十三日

一提本年歲修衙署庫平銀二百一十二兩六錢九分一釐零〇三絲

實存無項

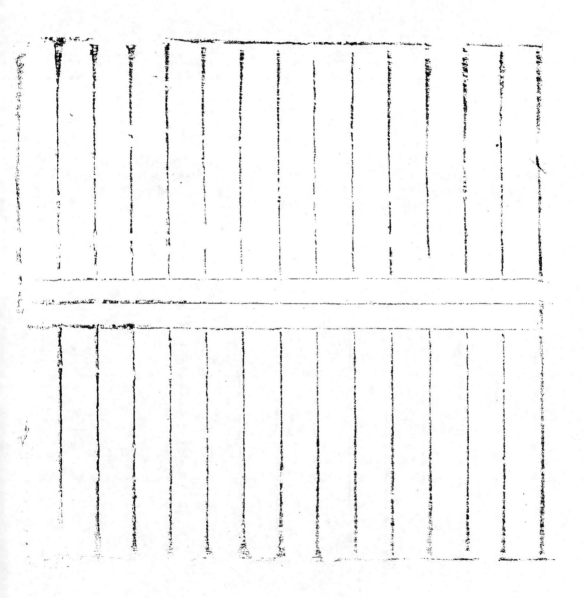

二十四年淤務另案部院銷費項下

光緒二十四年分

二月二十三日

一收另存光緒二十四年淤務另案內應扣存一分加倍部院銷費公砝平足九万兩

三月初六日

一發河務房領光緒二十四年淤務另案內應扣存一分加倍院銷費公砝平足四万五千兩

實存公砝平足四万五千兩

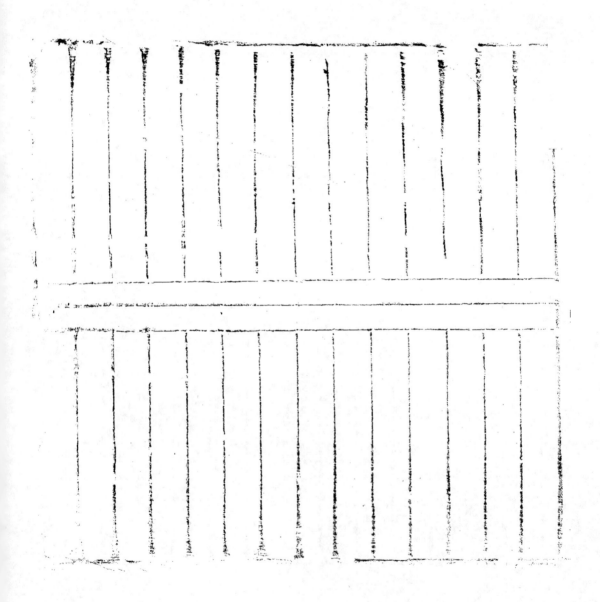

光緒二十四添撥歲修部冊項下

光緒二十三年分

十一月十一日

一收另存光緒二十四年添撥歲修內和存一分部飯庫平銀四百兩

一收另存光緒二十四年添撥歲修內和存一分六厘部冊庫平銀六千四十兩

光緒二十四年分

三月十五日

一收光緒二十四年浚船經費內應和存一分部飯庫平銀二千兩

一收光緒二十四年浚船經費內應和存一分六厘部冊庫平銀三千二十兩

十月十九日

一提浚船部費京平銀三千兩核庫平銀二千八十二兩

十二月二十一日

一撥還本年添撥另案項下墊發工北岸廳房書吏辦理二十二年北中大工報銷部吏賞犒公費平帳核庫平銀二千八十八兩四錢六分

一墊發河務房書吏欣二十二年北岸大工報銷院刑公砝平足帖扣庫

平足二万八十八两四錢六分

實存庫平足七万零一两零八分

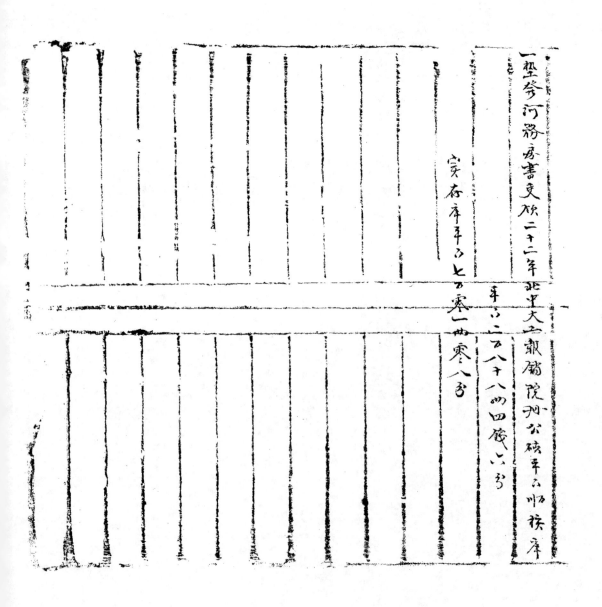

光緒二十三年分

十二月十一日

一収另存光緒二十四年添撥歲修內扣存一分院斂庫平銀四百兩

一収另存光緒二十四年添撥歲修內扣存一分五厘院册庫平銀六万兩

光緒二十四年分

三月十五日

一収光緒二十四年浚船經費內應扣存一分院斂庫平銀二万兩

一収光緒二十四年浚船經費內應扣存一分五厘院册庫平銀三万兩

七月十二日

一發河務房書吏領本年添撥歲修內扣院册庫平銀六万兩

一發河務房書吏領本年浚船經費內扣院册庫平銀三万兩

十二月初九日

一撥歸歷年添撥歲修浚船項下內扣院斂一分庫平銀六万兩

實存無項

光緒貳拾伍年正月　　日

庫存本節年各款銀箱簿

光绪二十五年分

三月初六日

一收本年岁摊修内扣一分部饭银八百九十两零一钱零二厘九毫六丝三忽六微

一收本年岁摊修内扣一分六厘部册银一千四百二十四两一钱六分四厘七毫四丝一忽七微

部饭正封 库书

部册正封 库书

十月十八日

一提本年办公库平银一百六十两

实存银二千一百五十四两二钱六分七厘七毫零五忽三微

正封 库书

荣大人任内

十二月初十日

收本年岁摊 部册银

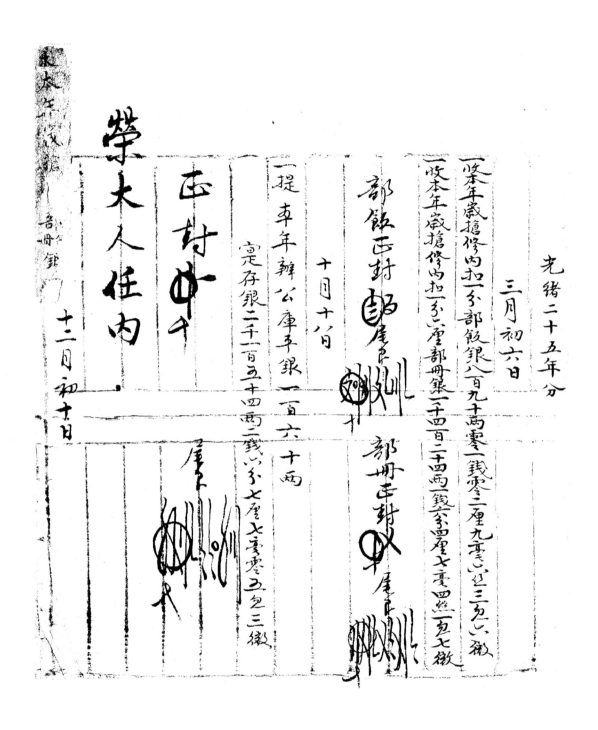

一發光緒二十六年辦公庫平銀八十兩
寔存二千零七十四兩二錢六分七厘七毫零五忽三微
正封忻
十二月二十七日
一提解光緒二十六年部費庫平銀三百二十兩
寔存銀一千七百五十四兩二錢六分七厘七毫零五忽三微
正封㠯

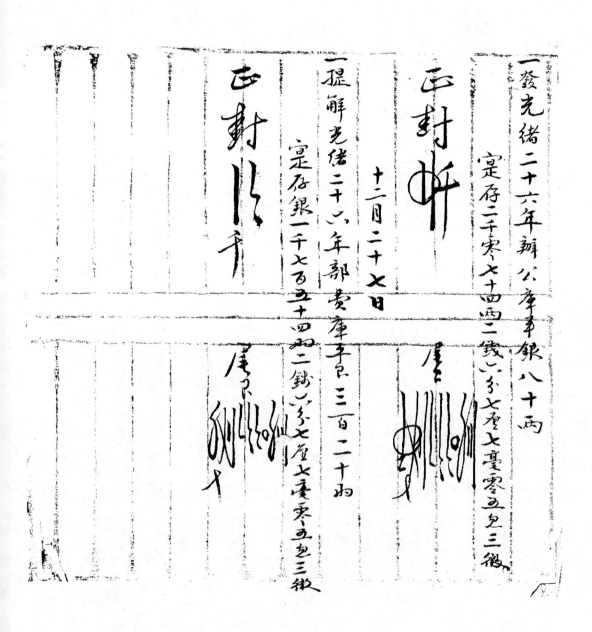

光緒二十五年分

三月初六日

一收本年歲搶修內扣院飯銀七百五十二兩

一收本年歲搶修內扣院冊銀一千二百六十九兩八錢

院飯正封 [illegible] 鹿記 [illegible] 十

院冊正封 [illegible] 千 鹿記 [illegible] 十

三月初十日

一發河務房書吏領本年歲搶修工程院冊銀九百兩

一撥還建擴項下墊發河務房書吏領加添院冊銀三百六十九兩八錢

實存銀七百五十二兩

正封 [illegible] 鹿記 [illegible] 十

十月十八日

一呈解本年院飯銀七百五十二兩

本年歲搶修院冊飯銀兩

寔存無項

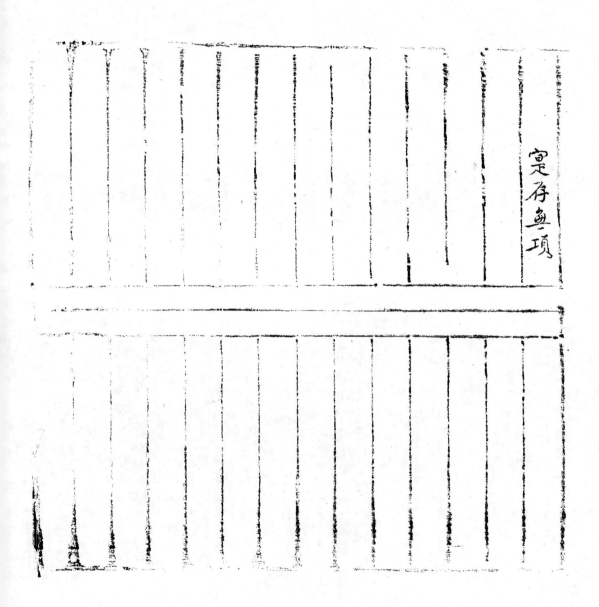

光緒二十五年分

三月初六日

一收本年六分平十七兩扣一分部飯銀五十六兩八錢一分五厘零八絲二忽七微

一收本年六分平十七兩扣一分六厘部冊銀九十兩零九錢零四厘一毫三絲二忽四微

本年六分平部冊飯銀兩

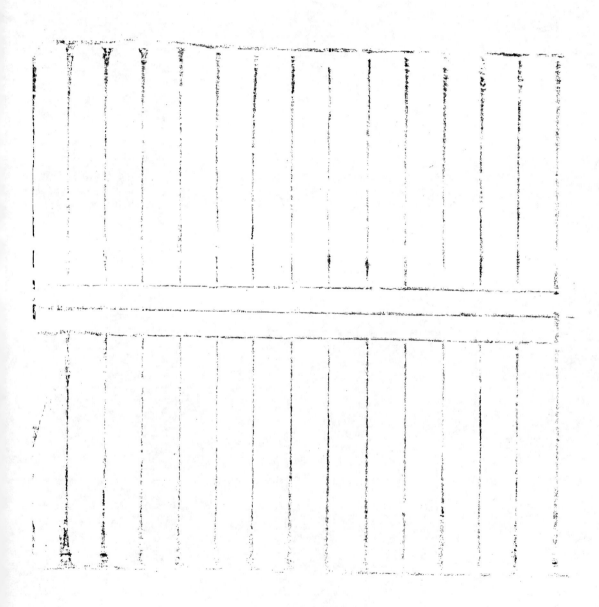

光緒二十五年分

三月初六日

一收本年六分平土五內扣一分院飯銀五十六兩八錢一分五厘零八絲二忽七微

一收本年六分平土五內扣一分五厘院冊銀八十五兩二錢二分二厘六毫二絲四忽一微

院飯庫收

院冊庫收

三月初十日

一發河務房書吏領本年六分平院冊銀八十五兩二錢二分二厘六毫二絲四忽一微

實存銀五十六兩八錢一分五厘零八絲二忽八微

庫收

十月十八日

一呈解本年六分平部土五內扣院飯銀五十六兩八錢一分五厘零八絲二忽七微

本年六分平院冊飯銀兩

寔存無項

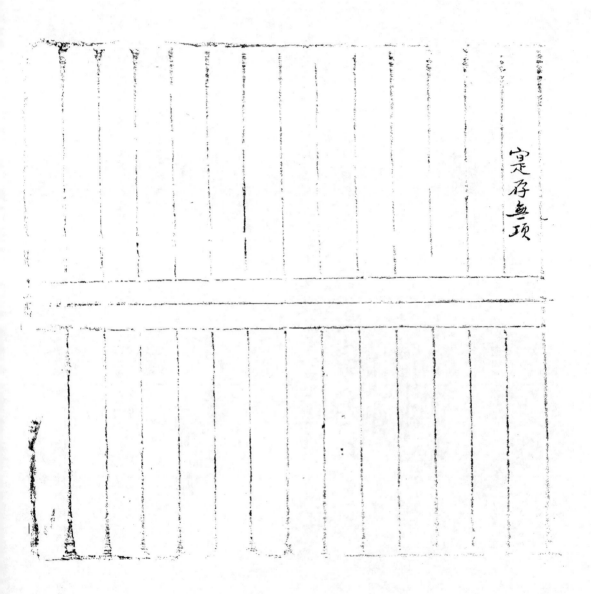

光緒二十五年分

一存光緒二十四年歲槍修部冊銀三百二十兩

四月二十五日

一提解光緒二十五年部费銀三百二十兩

實存無項

七月初六日

一收借用光緒二十四年部款項下庫平銀七百五十二兩

正封[illegible] 屢[illegible]十

二十四年歲槍修部冊款銀兩

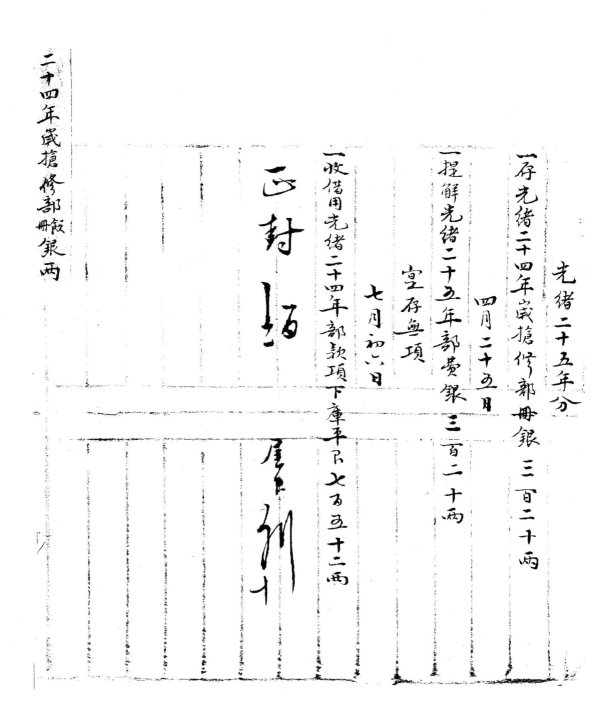

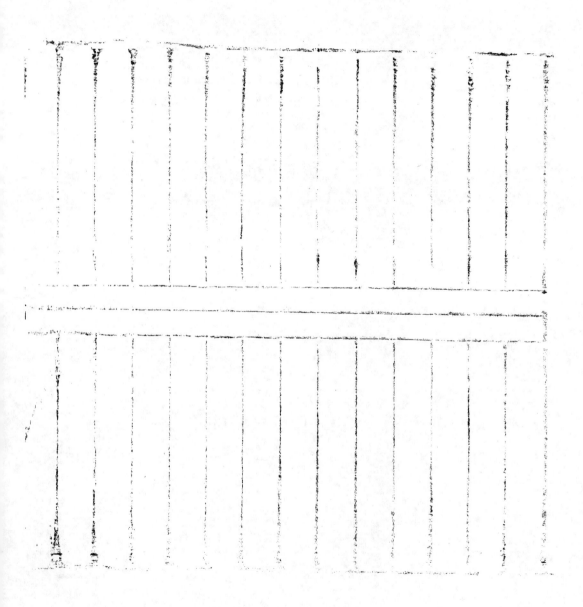

光緒二十五年分

七月初六日

一收借用光緒二十三年部款項下庫平足七百五十二兩

正封詰　尾足　利十

榮大人任内

十月二十六日卯時掛印

十二月二十七日

一提解光緒二十三年籍費銀七百五十二兩

寔存無項

一二十三年歲攤修部飯銀兩

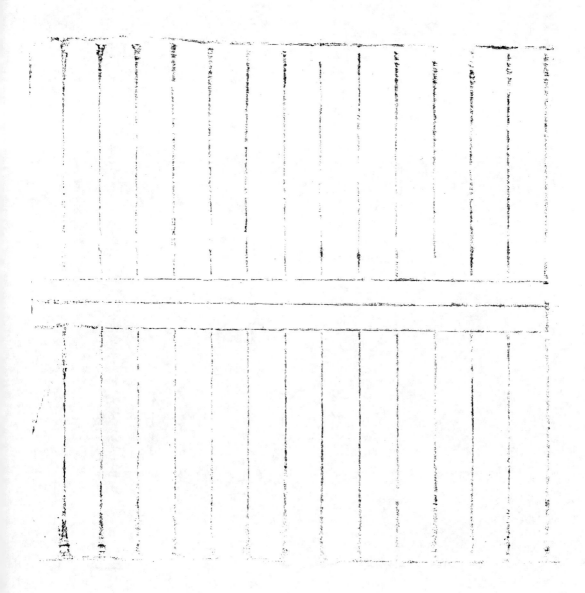

光緒二十五年分

四月二十五日

一收光緒二十二年鋪費銀七百五十二兩

一提解光緒二十二年鋪費銀七百五十二兩

寔存無項

二十二年歲搶修部飯銀兩

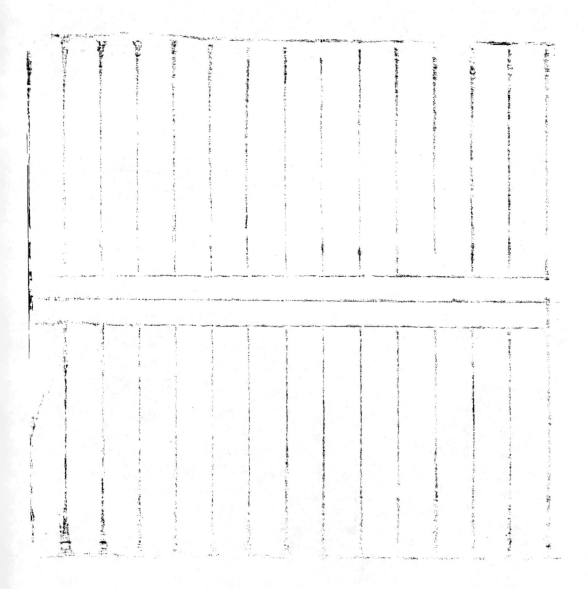

光緒二十五年分

一存光緒二十二年六分平部冊銀九十兩零九錢零六厘零二絲七忽三微

一存光緒二十三年六分平部冊銀九十兩零九錢零五厘三毫八絲一忽六微

一存光緒二十四年六分平部冊銀九十兩零九錢零一厘九毫五絲六忽六微

四月二十五日

一揭解光緒二十二年六分平部冊銀九十兩零九錢零六厘零二絲七忽三微

榮大人任內 十月二十六日 卯特接印

十二月二十七日

一提解光緒二十三年六分平部冊銀九十兩零九錢零五厘三毫八絲一忽六微

寔存銀二百三十八兩六錢二分一厘一毫七絲一忽七微

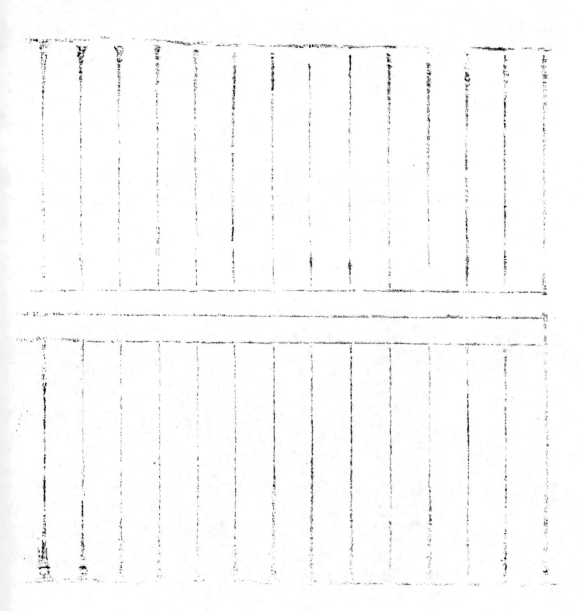

添款軍需平銀兩

光緒二十五年分

一存添款軍需平銀一百九十八兩八錢二分三厘三毫二絲四忽六微

三月初三日

一發候補縣丞劉兆霖領採買蘇袋煤油川費軍需平銀五十兩

實存軍需平銀一百四十八兩八錢二分三厘三毫二絲四忽六微

三月二十三日

一發三角淀廳戎領去歲大汛兵飯軍需平銀十四兩二錢三分零五毫

實存軍需平銀一百三十四兩五錢九分二厘八毫二絲四忽六微

六月十三日

一收支應局撥發本年土車蘇袋月夫兵飯軍需平銀三千八百零二兩五錢五分三厘九毫

一發候補縣丞張鎮南領赴津領土車月夫兵飯川費軍需平銀四十兩

一發南岸廳領各汛添僱土車月夫兵飯先發七成軍需平銀七百九十六兩五錢七分三厘一毫二絲

一發三角淀廳領冬汛大汛添僱土車月夫兵飯先發七成軍需平銀
四百五十八兩五錢一分九釐八毫八絲

一發石景山廳領冬汛大汛添僱土車月夫兵飯七成軍需平銀四百八
十八兩二錢三分九釐八毫七絲

一發上北廳領冬汛大汛添僱土車月夫兵飯七成軍需平銀四百兩
零二錢五分九釐九毫四絲

一發下北廳領冬汛大汛添僱土車月夫兵飯七成軍需平銀二百七十
四兩九錢五分九釐九毫三絲

實存軍需平銀一千四百九十八兩零九分三釐九毫八絲四忽六微

八月十二日

一發南岸廳領防庫兵麪價軍需平銀五十三兩零六分五釐

實存軍需平銀一千四百四十五兩零二分八釐九毫八絲四忽六微

九月十二日

一收上北廳繳回大汛土車月夫兵飯軍需平銀二兩六錢一分六釐一毫

一提大汛期內委員出差查工津貼火食弁兵犒賞軍需平艮二百四十兩

一發經制外委下游勝 劉宝賢領本年秋季加賞隨糧薪飯軍需平艮四十八兩

實存軍需平銀一千一百五十九兩六錢四分五厘零八絲四忽六微

十月十八日

一撥還添撥歲修項下墊發採買麻袋價軍需平艮一千兩

實存軍需平艮一百五十九兩六錢四分五厘零八絲四忽六微

儲備倉賑款銀兩

光緒二十五年分

一存儲備倉賑款庫平銀四十六兩六錢一分七釐八毫八絲

二月十三日

一收本年六成葦餘銀一千一百二十兩零八錢

一收本年四成葦餘銀七百四十七兩二錢

實存銀一千九百一十四兩六錢一分七釐八毫八絲

二月十六日

一發南四工李北六工頭汛員會領贖買米谷並發商生息共銀一千八百兩

實存銀一百一十四兩六錢一分七釐八毫八絲

三月二十三日

一收南岸守備呈解春季南岸各汛河兵食米價銀二百六十六兩七錢

一收北岸協備呈解春季北岸各汛河兵食米價銀二百零三兩

實存銀五百八十四兩二錢一分七釐八毫八絲

五月初四日

一發北六卯南四季汛員會領春夏季看管儲備倉並中倉工食銀十八兩

實存銀五百六十六兩三錢一分七厘八毫八絲

六月十三日

一收南岸守備呈解本年夏季兵食米價銀二百六十六兩七錢

一收北岸協備呈解本年夏季兵食米價銀二百零三兩

實存銀一千零三十六兩零一分七厘八毫八絲

八月十二日

一收回發商生息本銀一千兩

又收息銀三十兩

一發北六工卯南四季汛員會領購買米谷價銀二千兩

實存銀六十六兩零一分七厘八毫八絲

九月十九日

一收南岸守備呈繳秋季分汛兵食米價銀二百六十六兩七錢

一收北岸協備呈繳秋季分汛兵食米價銀二百零三兩

一發北二工卯南四工李汛員會領賸買米谷價銀一百五十兩
又發會我領賸買米谷價銀十兩
寔存銀三百七十五兩七錢一分七厘八毫八絲
十月初六日
一收借用建曠項下庫平銀七百兩
一發署南四工卯汛員領賸買米谷價銀一千兩
寔存銀七十五兩七錢一分七厘八毫八絲
十月十八日
一發南四工卯汛員領秋冬二季看管儲備倉並中倉工食銀十八兩
寔存銀五十七兩七錢一分七厘八毫八絲

榮大人任內

十二月二十三日
一收南岸守備呈解本年冬季南岸各汛兵食米價銀四百一十八兩三錢三分八厘

一收北岸協備呈解本年冬季北岸弁兵食米價銀三百一十八兩四錢二分

一撥還借用建墻項下銀七百兩

寔存銀九十四兩四錢七分五厘八毫八絲

光緒二十五年分

三月十二日

一收本道應捐本年春季炭資銀二十七兩

一收各縣汛應捐本年春季炭資銀三十兩零一錢

一撥還建牆項下墊發二十四年炭資不敷銀三十兩零二錢

四月二十五日

一收本道應捐本年夏季炭資銀二十七兩

一收各縣汛應捐本年夏季炭資銀三十兩零一錢

七月十八日

一收本道應捐本年秋季炭資銀二十七兩

一收各縣汛應捐本年秋季炭資銀三十兩零一錢

十月十八日

一收各縣汛應捐本年冬季炭資銀三十兩零一錢

十月二十五日

一收本道應捐冬、季截日二十五天家資只七兩五錢

十一月初九日

一收本道應捐冬季截日六十五天家資銀十九兩五錢

十二月二十三日

一提發本年候補各員家資銀一百九十八兩二錢

實存無項

光緒二十五年分

一存光緒十九年渡口工食等項內扣八分平銀八十二兩一錢二分二厘四毫八絲

一存光緒二十年渡口工食等項內扣八分平銀八十三兩七錢九分七厘

一存光緒二十一年渡口工食等項內扣八分平銀五十九兩六錢一分六厘

一存光緒二十二年渡口工食等項內扣八分平銀五十七兩二錢一分六厘

一存光緒二十三年渡口工食等項內扣八分平銀八十兩零四錢一分六厘

一存光緒二十四年渡口工食等項內扣八分平銀六十五兩九錢六分三厘六毫四絲

三月初三日

一收南山工書 北山工房沈貴奮領渡營渡口排造大船一隻七隊工料內扣八分平銀五兩六錢

三月十三日

一收三處渡口水夫春季工食內扣八分平銀六兩

四月二十五日

一收三處渡口水夫夏季工食內扣八分平銀六兩

一收三處渡口夏季短布褲內扣八分平銀五錢七分六厘

本節年渡口八分平銀兩

五月初四日

一收南岸工北岸工會我領渡營排造渡船三隻價内扣八分平足二兩四錢

六月十三日

一收十里鋪渡口油艌船夏工料價内扣八分平足二兩四錢

七月十八日

一收三處渡口水夫脩秋季工食内扣八分平銀六兩

十月初六日

一發工房領解光緒十九至二十四年渡口報銷部費銀四百二十九兩一錢三分零一毫二絲

十月十八日

一收三處渡口冬季工食内扣八分平足六兩

一收三處渡口冬季皮衣價内扣八分平足三兩八錢四分

一收三處渡口搭蓋浮橋工料價内扣八分平足二十八兩二錢

光绪二十五年分

本年筆餘銀兩

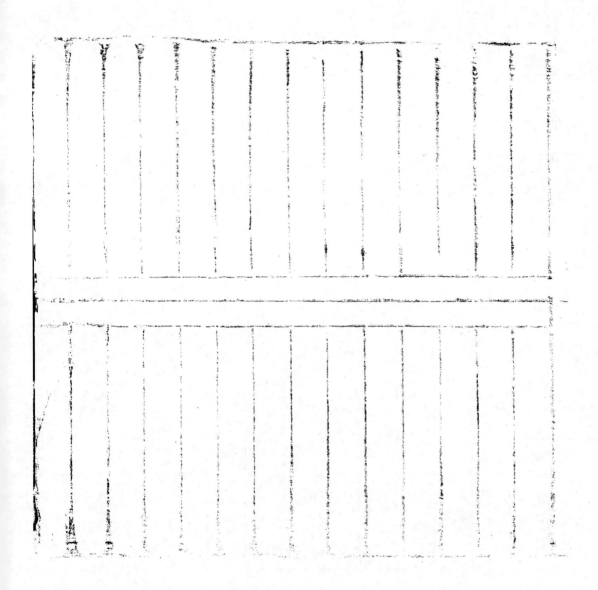

光緒二十五年分

一存光緒二十一年局解浚船内扣存六分平公砝平銀六百兩核庫平銀〥〨〢百

一存光緒二十二年道存浚船内扣存八分平庫平銀八百兩

一存光緒二十三年道存浚船内扣存八分平庫平銀八百兩

一存光緒二十四年浚船二分平庫平銀二百兩

十月十八日

一收存光緒二十五年浚船二分平庫平銀二百兩

二十二三四年浚船内扣六分平銀兩

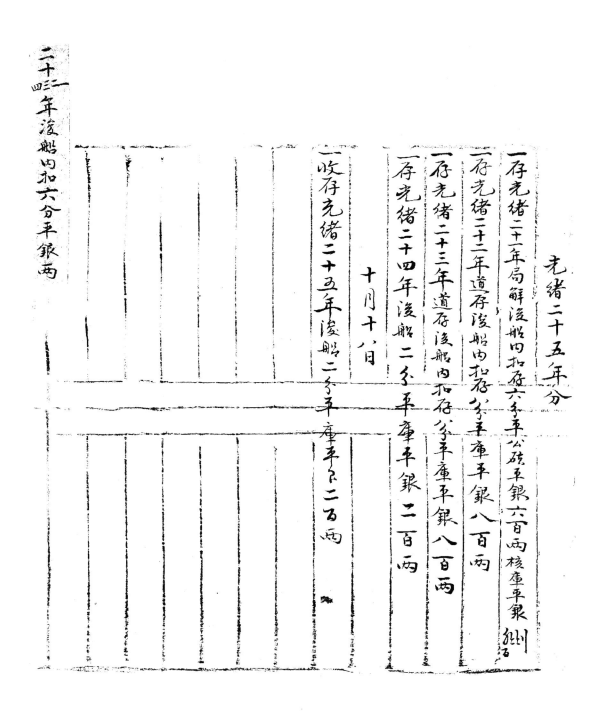

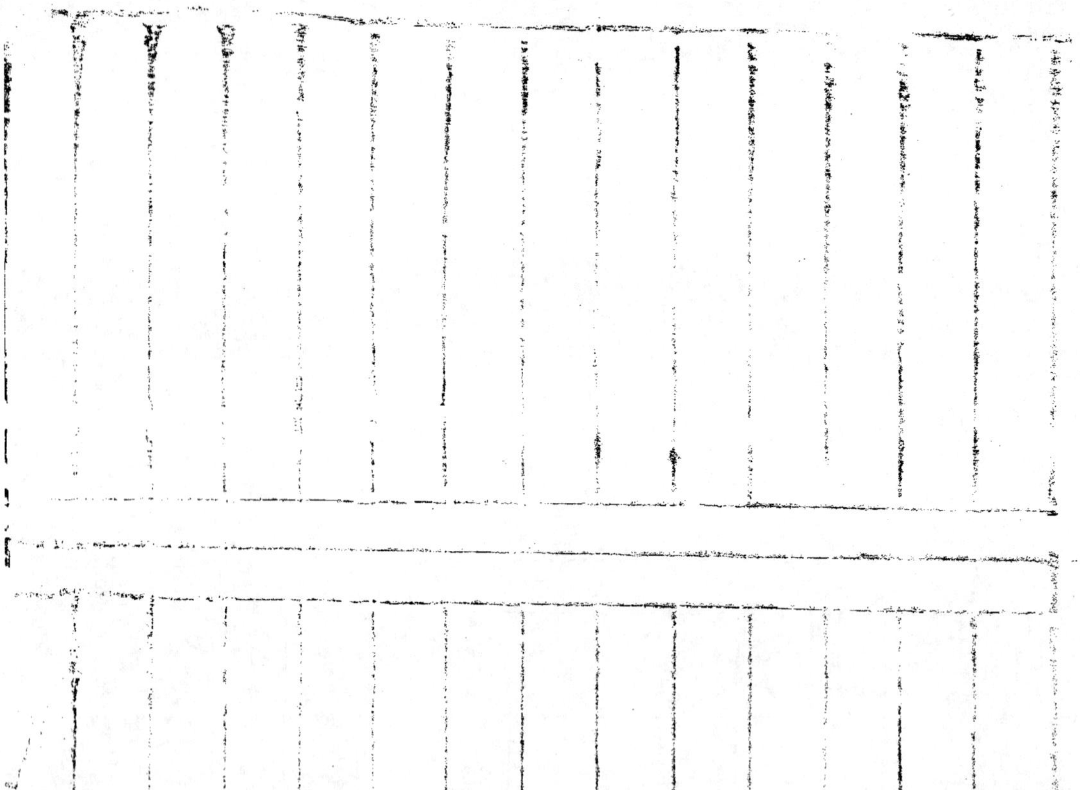

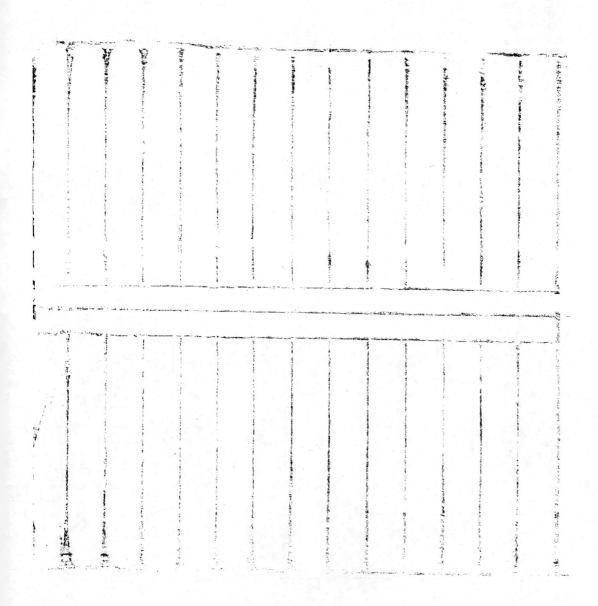

光緒二十五年分

一存石隄局解存石工庫平銀六十一兩六錢六分一厘五毫

六月十三日

一發候補縣丞陳炳昌領本年正二三四五計五個月防守石隄薪
水公費平足計核庫平銀五十七兩八
錢九分二厘三毫

實存庫平足三兩九錢八分九厘二毫

九月二十七日

一收石景山石隄節省項下撥歸軍需平足核庫平銀一百零五兩
三錢三分一厘四毫五絲九忽三微

一發候補縣丞陳炳昌領本年六七八三個月防守石隄薪水公費平
足三十七兩庫平足三十四兩八錢一分五厘三毫

實存庫平足七十四兩八錢七分五厘三毫五絲九忽三微

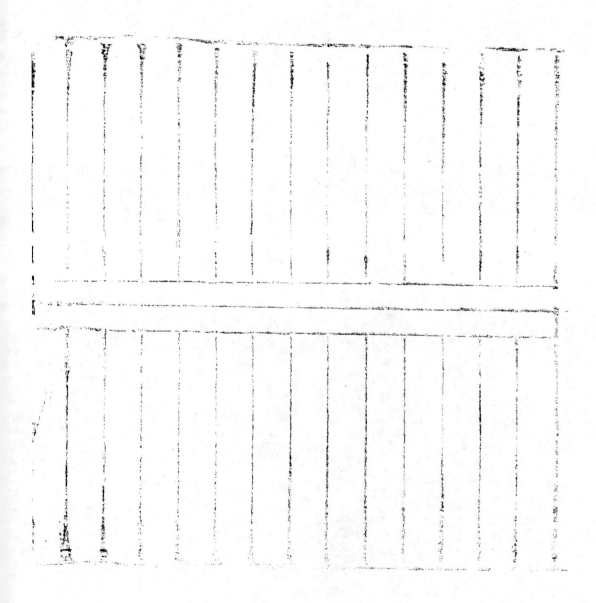

光緒二十五年分

一存光緒二十一年添撥另案內扣存部冊公砝平銀炤核庫平銀三百八十四兩 按九六

一存光緒二十二年添撥另案內扣存部冊公砝平銀昭核庫平銀二百八十八兩

一存光緒二十三年添撥另案內扣存部冊公砝平銀照核庫平良五百二十八兩

一存光緒二十四年添撥另案內扣存部冊公砝平良炤核庫平銀四百三十二兩

二十一二三四年添撥另案部冊銀兩

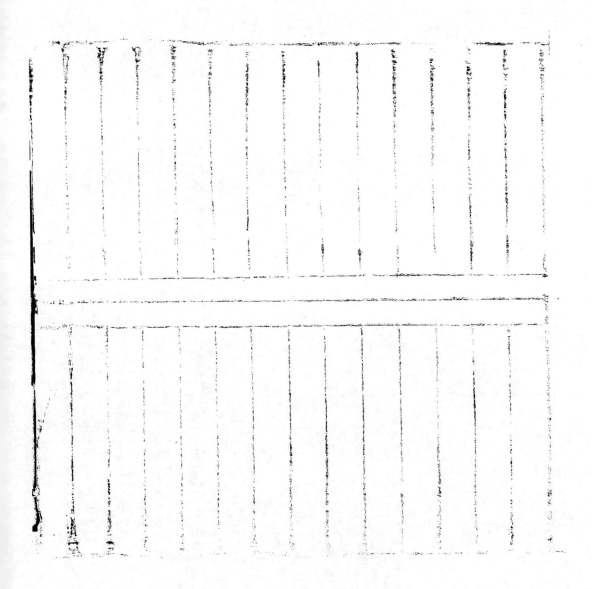

歷年添撥歲修浚船部飯冊銀兩

光緒二十五年分

一存光緒二十年添撥歲修浚船內扣存部飯公砝平銀六百兩核庫平銀[illegible]（按九四扣除）

一存光緒二十一年添撥歲修浚船內扣存部飯公砝平銀七百二十五兩四錢核庫平銀[illegible]

一存光緒二十二年添撥歲修浚船內扣存部飯公砝平銀六百兩核庫平銀[illegible]

一存光緒二十三年添撥歲修浚船內扣存部飯庫平銀六百兩

一存光緒二十三年添撥歲修浚船內扣存部冊庫平銀九百六十兩

一存光緒二十四年添撥歲修浚船內扣存部飯冊庫平銀七百零一兩零八分

寔存庫平銀四千一百一十二兩四錢二分

六月初六日

一收借用光緒二十二年浚船經費內扣報銷部冊公砝庫平銀三百兩

寔存庫平銀四千四百一十二兩四錢二分

七月初六日

一收借用二十二年添撥歲修內扣部冊公砝平銀六百兩核庫平銀
五百七十六兩九錢二分三厘

一收借用二十四年添撥歲修浚船內扣存部飯冊費二十二年北中天工[二]院冊、[三]房造報共公砝平銀六百兩核庫平銀五百七十六兩九錢二分三厘

一收辦理光緒二十五年浚船部費借用公砝平銀核庫平銀二百八十八兩四錢六分一厘五毫

七月初六日

寔存庫平　庫平銀五千八百三十六兩七錢二分四厘六毫

十月十八日

一收光緒二十五年添撥歲修浚船內扣存部飯庫平銀六百兩

一收光緒二十五年添撥歲修浚船內扣存部冊庫平銀九百六十兩

寔存庫平銀　七千三百九十六兩七錢二分七厘六毫

歷年添撥歲修浚船院飯項下

光緒二十五年分

一存光緒二十一二十二二十三二十四等年添撥歲修浚船內扣存院飯庫平銀一百八十五兩九錢六分

七月初六日

一收借用歷年添撥歲修浚船內扣存院飯墊發光緒二十二年北中大工振銷公砝平足湊平核庫平銀二千八百六十五兩三錢八分四厘六毫

寔存庫平銀三千零五十一兩三錢四分四厘六毫

十月十六日

一收二十五年添撥歲修浚船院飯項下撥歸院飯足六百兩

一呈解二十年至二十五年添撥歲修浚船院飯每年京平銀六百兩共京平銀三千六百兩

一發歷年添撥歲修浚船院飯長餘砝公足二百七十五兩三錢

寔存無項

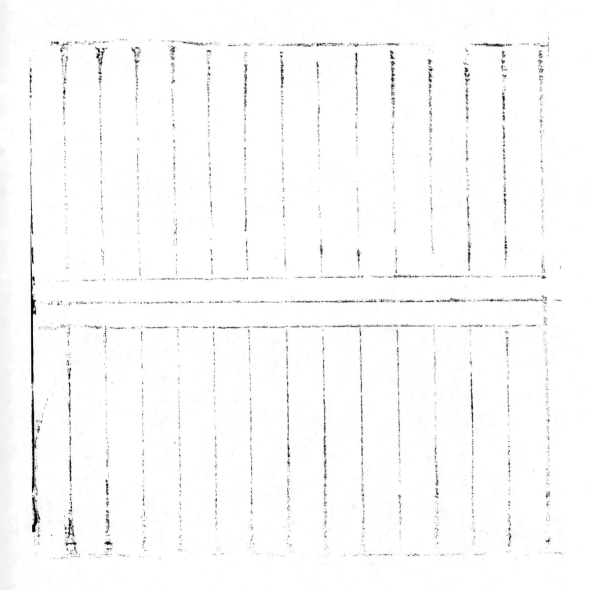

光緒二十五年分

一存減填報銷由部核減庫平銀七十兩零三錢六分四厘

減填報銷銀兩

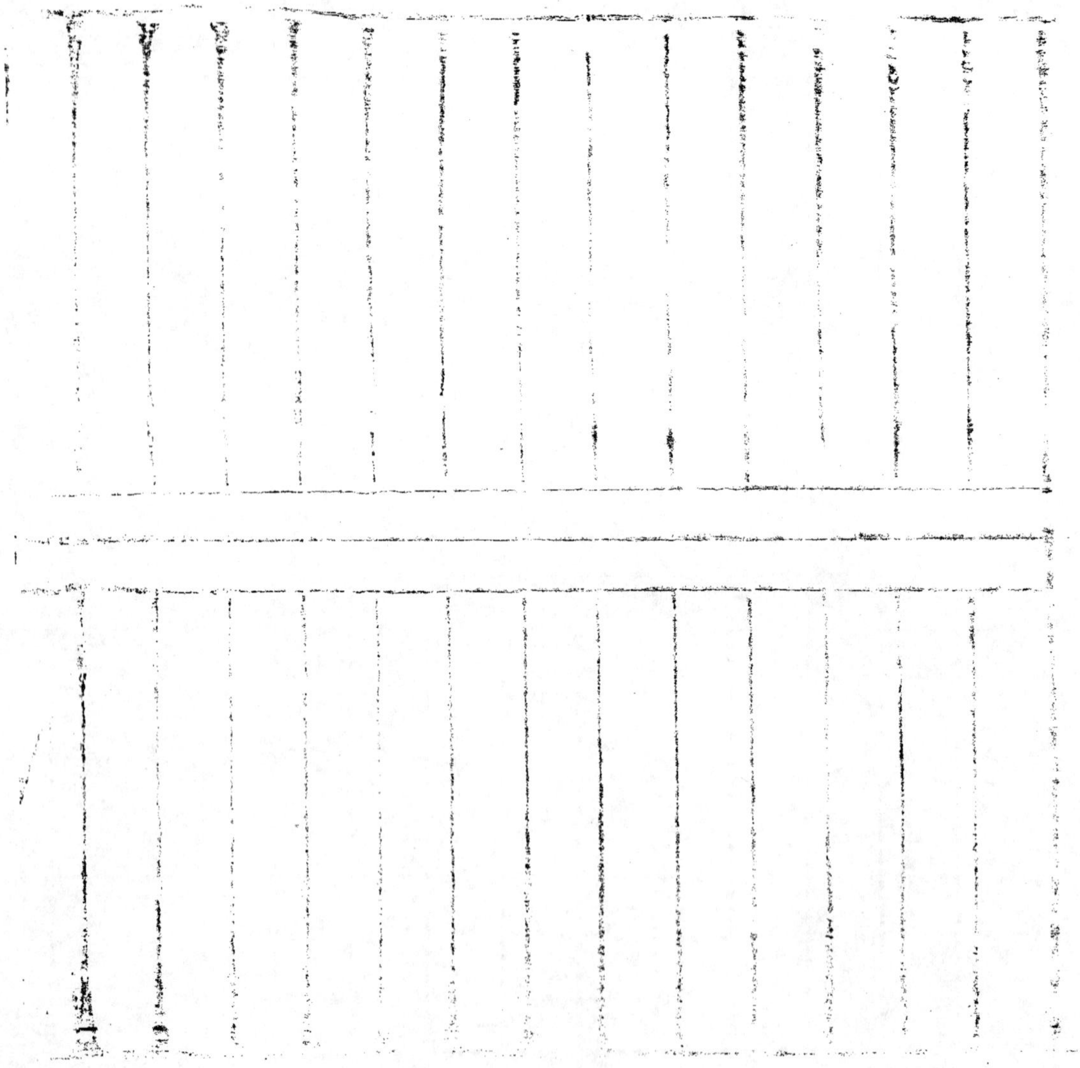

光緒二十五年分

三月初八日

一收另存本年磚工報銷部冊京平銀一百五十兩

一收另存本年磚工報銷院冊京平銀一百五十兩

七月十八日

一發司務房書吏領本年磚工报銷院冊費京平銀一百五十兩

寔存京平銀一百五十兩

十月十八日

一撥歸光緒二十四年磚工报銷部冊項下收存本年部冊京平銀一百五十兩

寔存無項

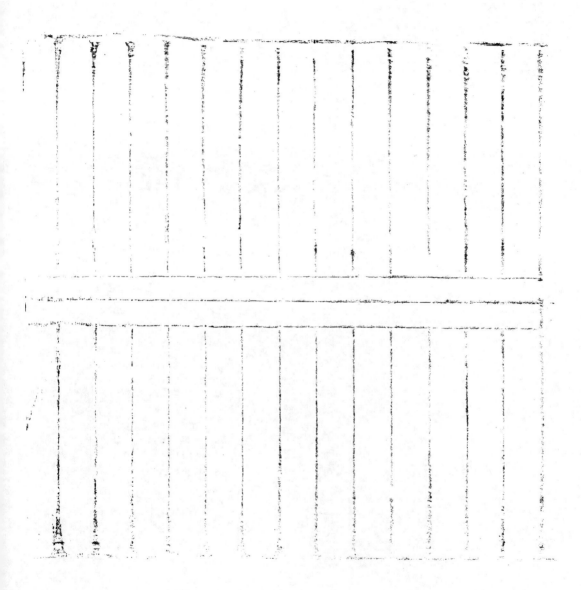

光緒二十五年分

四月初三日

一收本年添撥另案公砝平項下撥歸扣存一分部飯京平銀二百兩

一收本年添撥另案公砝平項下撥歸扣存一分部費京平銀二百兩

一收本年添撥另案軍需平項下撥歸扣存一分部飯京平銀二百兩

一收本年添撥另案軍需平項下撥歸扣存一分部費京平銀二百兩

本年添撥另案部飯費銀 兩

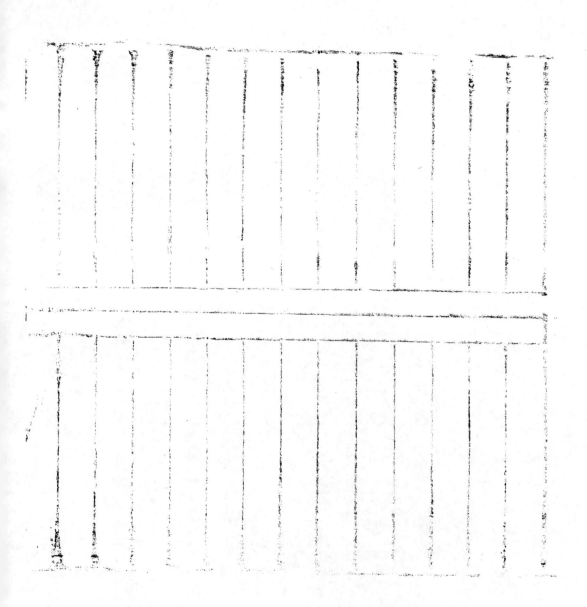

光緒二十五年分

四月初三日

一收本年添撥另案公砝平項下撥歸扣存一分院費京平銀二百兩

一收本年添撥另案軍需平項下撥歸扣存一分院費京平銀二百兩

四月十五日

一發河務房書吏領添撥另案銀兩內扣一分院費京平銀四百兩

實存無項

本年添撥另案院費銀兩

永定河北岸修防工冊

石景山同知周家梁
北岸同知王具鑫
北岸通判張慶平

呈今將卑屬各汛做過光緒貳拾柒年分搶修廂墊工程寬長丈尺料物銀兩數目

理合造具銷冊呈送須至冊者

計呈

石景山同知屬

北岸頭工上汛武清縣縣丞

一領銀壹千貳百壹拾玖兩叁錢玖分

又領秫秸加添運脚銀叁百零壹兩玖錢叁分柒厘伍毫

第拾叁號堤長壹百捌拾丈頂寬貳丈底寬伍丈高陸尺

第壹段

廂墊拾玖層寬壹丈壹尺伍寸長伍丈 折見

方每層長伍丈柒尺伍寸拾玖層共單長

壹百零玖丈貳尺伍寸

加長叁丈徑柒寸簽樁伍根

第貳段

廂墊貳拾層寬壹丈貳尺長伍丈折見
方每層長陸丈貳拾層共单長壹百貳
拾丈
加長貳丈伍尺徑陸寸簽樁伍根

第叁段

廂墊貳拾層寬壹丈貳尺伍寸長叁丈肆尺
折見方每層長肆丈貳尺伍寸貳拾層共
单長捌拾伍丈
加長叁丈徑柒寸簽樁叁根

第肆段

廂墊貳拾層寬壹丈貳尺長貳丈肆尺折見
方每層長貳丈捌尺捌寸貳拾層共单長
伍拾柒丈陸尺
加長叁丈徑柒寸簽樁貳根

第伍段

廂墊拾玖層寬壹丈叁尺長肆丈伍尺折見方

第陸段

每層長伍丈捌尺伍寸拾玖層共單長壹百壹
拾壹丈壹尺伍寸
加長貳丈伍尺徑陸寸簽樁肆根
廂埽拾柒層寬壹丈貳尺長伍丈折見方
每層長陸丈拾柒層共單長壹百零
貳丈
加長叁丈徑柒寸簽樁伍根
每廂埽壹層寬壹丈長壹丈用
秫秸伍拾束每束運價銀捌厘
僱夫貳名每名工價銀肆分
以上廂埽折見方共單長伍百捌拾伍丈用秫
秸貳萬玖千貳百伍拾束用銀貳百叁拾
肆兩加長叁丈徑柒寸簽樁拾伍根每根

連運價銀伍錢伍分用銀捌兩貳錢伍分加
長貳丈伍尺徑陸寸簽樁玖根每根連運
價銀肆錢伍分用銀肆兩零伍分僱夫壹千
壹百柒拾名用銀肆拾陸兩捌錢
共用銀貳百玖拾叁兩壹錢
以上搶修廂埽工程併加簽樁共用銀貳百玖拾叁兩
壹錢

第拾叁號
第柒段
廂埽拾肆層寬壹丈叁尺長肆丈伍尺折
見方每層長伍丈捌尺伍寸拾肆層共
单長捌拾壹丈玖尺
加長貳丈伍尺徑陸寸簽樁肆根
第捌段
廂埽拾陸層寬壹丈貳尺伍寸長伍丈折

見方每層長陸丈貳尺伍寸 拾陸層共单
長壹百丈

第玖段

加長貳丈 伍尺徑陸寸簽樁伍根
廂墊拾貳層 寬壹丈捌尺長陸丈折見方
每層長 拾丈零捌尺拾貳層共单長壹
百貳拾玖丈陸尺

第拾段

加長叁丈徑柒寸簽樁陸根
廂墊拾叁層寬壹丈柒尺長陸丈折見方
每層長拾丈零貳尺拾叁層共单長壹
百叁拾貳丈陸尺

第拾壹段

加長貳丈伍尺徑陸寸簽樁陸根
廂墊拾叁層寬壹丈捌尺長陸丈折見方
每層長拾丈零捌尺拾叁層共单長壹

百肆拾丈零肆尺
加長貳丈伍尺徑陸寸簽樁陸根
廂墊拾叁層寬貳丈長柒丈折見方每層
長拾肆丈拾叁層共凖長壹百捌拾
貳丈

第拾貳段

加長叁丈徑柒寸簽樁柒根
每廂墊壹層寬壹丈長壹丈用
秫秸伍拾束每束連運價銀捌厘
僱夫貳名每名工價銀肆分
以上廂墊折見方共单長柒百陸拾陸丈伍尺用
秫秸叁萬捌千叁百貳拾伍束用銀叁百
零陸兩陸錢加長叁丈徑柒寸簽樁拾叁根
每根連運價銀伍錢伍分用銀柒兩壹錢

伍分加長貳丈伍尺徑陸寸簽樁貳拾壹根
每根連運價銀肆錢伍分用銀玖兩肆錢伍
分催夫壹千伍百叁拾叁名用銀陸拾壹兩
叁錢貳分
共用銀叁百捌拾肆兩伍錢貳分
以上搶修廂埽工程併加簽樁共用銀叁百捌拾肆
兩伍錢貳分

第拾叁號

第拾叁段
廂埽拾層寬貳丈長伍丈折見方每層長
拾丈拾層共单長壹百丈

第拾肆段
加長叁丈徑柒寸簽樁伍根
廂埽拾層寬貳丈長伍丈折見方每層長
拾丈拾層共单長壹百丈

加長叁丈徑柒寸簽樁伍根

第拾伍段

廂墊拾壹層寬貳丈長伍丈折見方每層
長拾丈拾壹層共单長壹百壹拾丈
加長叁丈徑柒寸簽樁伍根

第拾陸段

廂墊拾壹層寬壹丈叁尺長肆丈伍尺折
見方每層長伍丈捌尺伍寸拾壹層共单
長陸拾肆丈叁尺伍寸
加長貳丈伍尺徑陸寸簽樁肆根

第拾柒段

廂墊拾壹層寬壹丈貳尺長肆丈伍尺折
見方每層長伍丈肆尺拾壹層共单長
伍拾玖丈肆尺
加長貳丈伍尺徑陸寸簽樁肆根

第拾捌段

廂墊拾叁層寬壹丈貳尺長伍丈折見

第拾玖段

第貳拾段

第貳拾壹段

方每層長陸丈拾叁層共单長柒拾
捌丈
加長貳丈伍尺徑陸寸簽樁伍根
廂墊拾貳層寬壹丈貳尺伍寸長陸丈
折見方每層長柒丈伍尺拾貳層共
单長玖拾丈
加長貳丈伍尺徑陸寸簽樁陸根
廂墊拾肆層寬壹丈叁尺長伍丈折見方
每層長陸丈伍尺拾肆層共单長玖拾
壹丈
加長貳丈伍尺徑陸寸簽樁伍根
廂墊拾肆層寬壹丈貳尺伍寸長肆丈伍
尺折見方每層長伍丈陸尺貳寸伍分

第貳拾貳段

拾肆層共单長柒拾捌丈柒尺伍寸
加長叁丈徑柒寸簽樁肆根
廂墊拾層寛壹丈叁尺長肆丈伍尺折見
方每層長伍丈捌尺伍寸拾層共单長
伍拾捌丈伍尺
加長叁丈徑柒寸簽樁肆根
每廂墊壹層寛壹丈長壹丈用
秫秸伍拾束每束連運價銀捌厘
催夫貳名每名工價銀肆分
以上廂墊折見方共单長捌百叁拾丈用秫
秸肆萬壹千伍百束用銀叁百叁拾貳兩
加長叁丈徑柒寸簽樁貳拾叁根每根
連運價銀伍錢伍分用銀拾貳兩陸錢

伍分加長貳丈伍尺徑陸寸簽樁貳拾肆根
每根連運價銀肆錢伍分用銀拾兩零捌錢
僱夫壹千陸百陸拾名用銀陸拾陸兩肆錢
共用銀肆百貳拾壹兩捌錢伍分
以上搶修廂埽工程併加簽樁共用銀肆百貳拾
壹兩捌錢伍分

陸月分

第拾叁號

第貳拾叁段

廂埽拾層寬壹丈叁尺長肆丈伍尺折見方每層
長伍丈捌尺伍寸拾層共単長伍拾捌丈伍尺
加長叁丈徑柒寸簽樁肆根
廂埽拾壹層寬壹丈叁尺長肆丈伍尺折見
方每層長伍丈捌尺伍寸拾壹層共単長
陸拾肆丈叁尺伍寸

柒月分

陸月分　第貳拾肆段

加長貳丈伍尺徑陸寸簽樁肆根
廂墊玖層寬壹丈叁尺長肆丈伍尺折見
方每層長伍丈捌尺伍寸玖層共单長
伍拾貳丈陸尺伍寸
加長貳丈伍尺徑陸寸簽樁肆根
廂墊拾層寬壹丈叁尺長肆丈伍尺折見方每層
長伍丈捌尺伍寸拾層共单長伍拾捌丈伍尺
加長貳丈伍尺徑陸寸簽樁肆根
秫秸伍拾束每束連運價銀捌厘
僱夫貳名每名工價銀肆分
每廂墊壹層寬壹丈長壹丈用
以上廂墊折見方共单長貳百叁拾肆丈用
秫秸壹萬壹千柒百束用銀玖拾叁

柒月分

兩陸錢加長叁丈徑柒寸簽樁肆根每
根連運價銀伍錢伍分用銀貳兩貳錢
加長貳丈伍尺徑陸寸簽樁拾貳根每根
連運價銀肆錢伍分用銀伍兩肆錢㩁夫
肆百陸拾捌名用銀拾捌兩柒錢貳分
共用銀壹百壹拾玖兩玖錢貳分
以上搶修廂埽工程併加簽樁共用銀壹百壹拾
玖兩玖錢貳分
以上肆案搶修廂埽工程併加簽樁共用銀壹千貳百壹拾
玖兩叁錢玖分查北岸頭工上中下汛貳工上下汛叁工肆
工上汛採辦秫秸
奏准每束加添運脚銀貳厘伍毫該工計用秫秸拾貳
萬零柒百柒拾伍束用銀叁百零壹兩玖錢叁分

柒厘伍毫

北岸頭工中汛武清縣縣丞

一領銀壹千陸百零伍兩伍錢

又領秫秸加添運脚銀叁百玖拾叁兩肆錢叁分柒厘伍毫

第壹號堤長壹百捌拾丈頂寬伍丈伍尺底寬拾壹丈高壹丈貳尺

第壹段　廂墊拾肆層寬壹丈貳尺長肆丈伍尺折見方每

層長伍丈肆尺拾肆層共單長柒拾伍丈陸尺

加長貳丈伍尺徑陸寸簽樁肆根

第貳段　廂墊拾伍層寬壹丈貳尺長肆丈伍尺折見方

每層長伍丈肆尺拾伍層共單長捌拾壹丈

加長貳丈伍尺徑陸寸簽樁肆根

第叁段　廂墊拾柒層寬壹丈貳尺長肆丈伍尺

折見方每層長伍丈肆尺拾柒層共單

長玖拾壹丈捌尺
加長貳丈伍尺徑陸寸簽樁肆根

第肆段

廂墊拾陸層寬壹丈貳尺伍寸長叁丈玖尺
折見方每層長肆丈捌尺柒寸伍分拾陸
層共單長柒拾捌丈
加長貳丈伍尺徑陸寸簽樁肆根

第伍段

廂墊拾肆層寬壹丈貳尺伍寸長伍丈貳
尺折見方每層長陸丈伍尺拾肆層共單
長玖拾壹丈
加長貳丈伍尺徑陸寸簽樁伍根

第陸段

廂墊拾層寬壹丈叁尺長陸丈伍尺折見
方每層長捌丈肆尺伍寸拾層共單長
捌拾肆丈伍尺

加長貳丈伍尺徑陸寸簽樁陸根

第柒段

廂墊拾叁層寬壹丈零伍寸長肆丈捌尺
折見方每層長伍丈零肆寸拾叁層共
單長陸拾伍丈伍尺貳寸
加長貳丈伍尺徑陸寸簽樁肆根

第捌段

廂墊拾貳層寬壹丈叁尺長伍丈叁尺折
見方每層長陸丈捌尺玖寸拾貳層共
單長捌拾貳丈陸尺捌寸
加長貳丈伍尺徑陸寸簽樁伍根

第玖段

廂墊拾叁層寬壹丈壹尺長伍丈肆尺折
見方每層長伍丈玖尺肆寸拾叁層共單
長伍拾玖丈肆尺
加長貳丈伍尺徑陸寸簽樁伍根

第拾段

廂墊拾層寬壹丈貳尺長伍丈折見方
每層長陸丈拾層共單長陸拾丈
加長貳丈伍尺徑陸寸簽樁伍根
每廂墊壹層寬壹丈長壹丈用
秫秸伍拾束每束連運價銀捌厘
僱夫貳名每名工價銀肆分
以上廂墊折見方共單長柒百陸拾玖丈伍尺用
秫秸叁萬捌千肆百柒拾伍束用銀叁百零
柒兩捌錢加長貳丈伍尺徑陸寸簽樁肆拾
陸根每根連運價銀肆錢伍分用銀貳
拾兩零柒錢僱夫壹千伍百叁拾玖名用銀
陸拾壹兩伍錢陸分
共用銀叁百玖拾兩零零陸分

以上搶修廂埽工程併加簽樁共用銀叁百玖拾兩
零零陸分

第壹號

第拾壹段

廂埽拾貳層寬壹丈貳尺伍寸長肆丈玖
尺折見方每層長陸丈壹尺貳寸伍分
拾貳層共單長柒拾叁丈伍尺
加長叁丈徑柒寸簽樁伍根

第拾貳段

廂埽拾層寬壹丈壹尺長肆丈玖尺折
見方每層長伍丈叁尺玖寸拾層共單
長伍拾叁丈玖尺
加長貳丈伍尺徑陸寸簽樁伍根

第拾叁段

廂埽拾貳層寬壹丈壹尺伍寸長肆丈玖
尺折見方每層長伍丈陸尺叁寸伍分拾

貳層共单長陸拾柒丈陸尺貳寸

第拾肆段

加長叁丈徑柒寸簽樁伍根

廂墊拾肆層寛壹丈貳尺長伍丈壹尺折

見方每層長陸丈壹尺貳寸 拾肆層

共单長捌拾伍丈陸尺捌寸

第拾伍段

加長叁丈徑柒寸簽樁伍根

廂墊拾伍層寛壹丈壹尺長伍丈叁尺折

見方每層長伍丈捌尺叁寸 拾伍層共

单長捌拾柒丈肆尺伍寸

第拾陸段

加長叁丈徑柒寸簽樁伍根

廂墊拾貳層寛壹丈壹尺長陸丈伍尺折

見方每層 長柒丈壹尺伍寸 拾貳層共

单長捌拾伍丈捌尺

第拾柒段

加長貳丈伍尺徑陸寸簽樁伍根
廂墊拾伍層寬壹丈壹尺長肆丈柒尺
折見方每層長伍丈壹尺柒寸拾伍層
共單長柒拾柒丈伍尺伍寸

第拾捌段

加長叁丈徑柒寸簽樁伍根
廂墊拾層寬壹丈壹尺長肆丈柒尺折
見方每層長伍丈壹尺柒寸拾層共
單長伍拾壹丈柒尺

第拾玖段

加長貳丈伍尺徑陸寸簽樁伍根
廂墊拾貳層寬壹丈長肆丈玖尺折見
方每層長肆丈玖尺拾貳層共單長
伍拾捌丈捌尺
加長貳丈伍尺徑陸寸簽樁伍根

第貳拾段

廂墊拾層寬壹丈叁尺長伍丈折見
方每層長陸丈伍尺拾層共单長陸
拾伍丈
加長貳丈伍尺徑陸寸簽樁伍根
每廂墊壹層寬壹丈長壹丈用
秫秸伍拾束每束連運價銀捌厘
僱夫貳名每名工價銀肆分
以上廂墊折見方共单長柒百零柒丈用
秫秸叁萬伍千叁百伍拾束用銀貳百捌
拾貳兩捌錢加長叁丈徑柒寸簽樁貳拾
伍根每根連運價銀伍錢伍分用銀拾叁
兩柒錢伍分加長貳丈伍尺徑陸寸簽樁
貳拾伍根每根連運價銀肆錢伍分用

銀拾壹兩貳錢伍分倍夫壹千肆百壹拾
肆名用銀伍拾陸兩伍錢陸分
共用銀叁百陸拾肆兩叁錢陸分
以上搶修廂墊工程併加簽樁共用銀叁百陸拾肆
兩叁錢陸分

第壹號

第貳拾壹段

廂墊拾伍層寬壹丈貳尺長肆丈叁尺
折見方每層長伍丈壹尺陸寸 拾伍
層共単長柒拾柒丈肆尺
加長貳丈伍尺徑陸寸簽樁肆根

第貳拾貳段

廂墊拾伍層寬壹丈壹尺長肆丈肆尺折見
方每層長肆丈捌尺肆寸拾伍層共単
長柒拾貳丈陸尺

第貳拾叁段

加長貳丈伍尺徑陸寸簽樁肆根
廂墊拾層寬壹丈壹尺長伍丈壹尺折
見方每層長伍丈陸尺壹寸拾層共單
長伍拾陸丈壹尺

第貳拾肆段

加長叁丈徑柒寸簽樁伍根
廂墊拾貳層寬壹丈長肆丈柒尺折見
方每層長肆丈柒尺拾貳層共單長
伍拾陸丈肆尺

第貳拾伍段

加長貳丈伍尺徑陸寸簽樁伍根
廂墊拾伍層寬壹丈壹尺長伍丈叁尺
折見方每層長伍丈捌尺叁寸拾伍
層共單長捌拾柒丈肆尺伍寸
加長叁丈徑柒寸簽樁伍根

第貳拾陸段

廂墊拾伍層寬壹丈壹尺長叁丈叁尺

折見方每層長叁丈陸尺叁寸拾伍

層共单長伍拾肆丈肆尺伍寸

加長貳丈伍尺徑陸寸簽樁叁根

第貳拾柒段

廂墊拾層寬壹丈壹尺長叁丈捌尺

折見方每層長肆丈壹尺捌寸拾層

共单長肆拾壹丈捌尺

加長貳丈伍尺徑陸寸簽樁叁根

第貳拾捌段

廂墊拾貳層寬壹丈壹尺長伍丈折

見方每層長伍丈伍尺拾貳層共单長

陸拾陸丈

加長叁丈徑柒寸簽樁伍根

第貳號堤長壹百捌拾丈頂寬伍丈伍尺底寬拾壹丈高壹丈壹尺

第壹段

廂墊拾肆層寬壹丈貳尺長肆丈折見
方每層長肆丈捌尺拾肆層共單
長陸拾柒丈貳尺
加長貳丈伍尺徑陸寸簽樁肆根

第貳段

廂墊拾肆層寬壹丈貳尺長肆丈伍尺
折見方每層長伍丈肆尺拾肆層共
單長柒拾伍丈陸尺
加長貳丈伍尺徑陸寸簽樁肆根

第叁段

廂墊貳拾層寬壹丈貳尺伍寸長伍丈
折見方每層長陸丈貳尺伍寸貳拾
層共單長壹百貳拾伍丈
加長叁丈徑柒寸簽樁伍根
每廂墊壹層寬壹丈長壹丈用

秫稭伍拾束每束連運價銀捌釐

僱夫貳名每名工價銀肆分

以上廂埽折見方共單長柒百捌拾丈用秫稭叁萬玖千束用銀叁百壹拾貳兩加長叁丈徑柒寸簽樁貳拾根每根連運價銀伍錢伍分用銀拾壹兩加長貳丈伍尺徑陸寸簽樁貳拾柒根每根連運價銀肆錢伍分用銀拾貳兩壹錢伍分僱夫壹千伍百陸拾名用銀陸拾貳兩肆錢

共用銀叁百玖拾柒兩伍錢伍分

以上搶修廂埽工程併加簽樁共用銀叁百玖拾柒兩伍錢伍分

第貳號

第肆段

廂墊貳拾壹層寬壹丈貳尺長肆丈伍尺折
見方每層長伍丈肆尺貳拾壹層共单長
壹百壹拾叁丈肆尺
加長貳丈伍尺徑陸寸簽樁肆根

第伍段

廂墊拾陸層寬壹丈貳尺伍寸長伍丈
折見方每層長陸丈貳尺伍寸拾陸
層共单長壹百丈
加長貳丈伍尺徑陸寸簽樁伍根

第肆號堤長壹百捌拾丈頂寬伍丈伍尺底寬拾壹丈高壹丈壹尺

第壹段

廂墊拾伍層寬壹丈長伍丈折見方每層
長伍丈拾伍層共单長柒拾伍丈
加長叁丈徑柒寸簽樁伍根

第貳段

廂墊拾叁層寬壹丈長伍丈折見方每層

長伍丈拾叁層共单長陸拾伍丈

第叁段

加長貳丈伍尺徑陸寸簽樁伍根
廂墊拾叁層寬壹丈貳尺長伍丈折
見方每層長陸丈拾叁層共单長
柒拾捌丈

第肆段

加長叁丈徑柒寸簽樁伍根
廂墊拾肆層寬壹丈貳尺長伍丈折見
方每層長陸丈拾肆層共单長捌拾
肆丈

第伍段

加長貳丈伍尺徑陸寸簽樁伍根
廂墊拾肆層寬壹丈貳尺長伍丈折
見方每層長陸丈拾肆層共单長捌
拾肆丈

加長叁丈徑柒寸簽樁伍根

第陸段

廂墊玖層寬壹丈貳尺長伍丈折見方每層長陸丈玖層共單長伍拾肆丈

加長貳丈伍尺徑陸寸簽樁伍根

第柒段

廂墊拾壹層寬壹丈貳尺長伍丈折見方每層長陸丈拾壹層共單長陸拾陸丈

加長貳丈伍尺徑陸寸簽樁伍根

第捌段

廂墊拾叁層寬壹丈貳尺長伍丈折見方每層長陸丈拾叁層共單長柒拾捌丈

加長貳丈伍尺徑陸寸簽樁肆根

第玖段

廂墊拾伍層寬壹丈貳尺長伍丈貳尺
折見方每層長陸丈貳尺肆寸拾伍
層共单長玖拾叁丈陸尺
加長叁丈徑柒寸簽樁伍根
每廂墊壹層寬壹丈長壹丈用
秫秸伍拾束每束連運價銀捌厘
傕夫貳名每名工價銀肆分
以上廂墊折見方共单長捌百玖拾壹丈用
秫秸肆萬肆千伍百伍拾束用銀叁
百伍拾陸兩肆錢加長叁丈徑柒寸簽
樁貳拾根每根連運價銀伍錢伍分用
銀拾壹兩加長貳丈伍尺徑陸寸簽樁叁
拾叁根每根連運價銀肆錢伍分用銀

拾肆兩捌錢伍分僱夫壹千柒百捌拾貳
名用銀柒拾壹兩貳錢捌分
共用銀肆百伍拾叁兩伍錢叁分
以上搶修廂埽工程僱加簽樁共用銀肆百伍拾
叁兩伍錢叁分
以上肆案搶修廂埽工程併加簽樁共用銀壹千陸百
零伍兩伍錢查北岸頭工上中下汛貳工上下汛叁工
肆工上汛採辦秫秸
奏准每束加添運脚銀貳厘伍毫該工計用秫秸
拾伍萬柒千叁百柒拾伍束用銀叁百玖拾叁兩
肆錢叁分柒厘伍毫
北岸頭工下汛宛平縣縣丞
一領銀壹千陸百陸拾捌兩陸錢貳分

又領秫秸器添運脚銀叁百玖拾陸兩柒錢伍分

第叁肆伍號每號堤長壹百捌拾丈頂寬叁丈伍尺底寬貳拾丈捌尺高壹丈伍尺

第壹段

廂墊捌層寬壹丈貳尺長伍丈折見方

每層長陸丈捌層共單長肆拾

捌丈

加長貳丈伍尺徑陸寸簽樁伍根

第貳段

廂墊拾層寬壹丈貳尺長伍丈折見

方每層長陸丈拾層共單長陸拾丈

加長貳丈伍尺徑陸寸簽樁伍根

第叁段

廂墊玖層寬壹丈貳尺長伍丈折見方

每層長陸丈玖層共單長伍拾

肆丈

加長叁丈徑柒寸簽樁伍根

第肆段

廂墊拾層寬壹丈貳尺長伍丈折見方
每層長陸丈拾層共单長陸拾丈
加長貳丈伍尺徑陸寸簽樁伍根

第伍段

廂墊玖層寬壹丈貳尺長伍丈折見方每
層長陸丈玖層共单長伍拾肆丈
加長叁丈徑柒寸簽樁伍根

第陸段

廂墊拾壹層寬壹丈貳尺長陸丈折見
方每層長柒丈貳尺拾壹層共单長
柒拾玖丈貳尺
加長貳丈伍尺徑陸寸簽樁陸根

第柒段

廂墊玖層寬壹丈貳尺長陸丈折見方
每層長柒丈貳尺玖層共单長陸
拾肆丈捌尺

第捌段

加長貳丈伍尺徑陸寸簽樁陸根
廂墊拾壹層寬壹丈貳尺長伍丈 折見
方每層長陸丈拾壹層共單長陸拾
陸丈

第玖段

加長叁丈徑柒寸簽樁伍根
廂墊拾貳層寬壹丈貳尺長伍丈 折見方
每層長陸丈拾貳層共單長柒拾
貳丈

第拾段

加長貳丈伍尺徑陸寸簽樁伍根
廂墊玖層寬壹丈貳尺長伍丈折見
方每層長陸丈玖層共單長伍拾
肆丈

加長叁丈徑柒寸簽樁伍根

第拾壹段

廂墊拾層寬壹丈貳尺長伍丈折見方每層長陸丈拾層共單長陸拾丈

加長貳丈伍尺徑陸寸簽樁伍根

第拾貳段

廂墊柒層寬壹丈貳尺長伍丈折見方每層長陸丈柒層共單長肆拾貳丈

加長貳丈伍尺徑陸寸簽樁伍根

第拾叁段

廂墊捌層寬壹丈貳尺長伍丈折見方每層長陸丈捌層共單長肆拾捌丈

加長貳丈伍尺徑陸寸簽樁伍根

第拾肆段

廂墊捌層寬壹丈貳尺長伍丈折見方每層長陸丈捌層共單長肆拾捌丈

加長貳丈伍尺徑陸寸簽樁伍根
每廂墊壹層寬壹丈長壹丈用
秫秸伍拾束每束連運價銀捌厘
催夫貳名每名工價銀肆分
以上廂墊折見方共單長捌百壹拾丈用
秫秸肆萬零伍百束用銀叁百貳拾肆
兩加長叁丈徑柒寸簽樁貳拾根每
根連運價銀伍錢伍分用銀拾壹兩加
長貳丈伍尺徑陸寸簽樁伍拾貳根每
根連運價銀肆錢伍分用銀貳拾叁兩
肆錢催夫壹千陸百貳拾名用銀陸拾肆
兩捌錢
共用銀肆百貳拾叁兩貳錢

以上搶修廂墊工程併加簽樁共用銀肆百貳
拾叁兩貳錢

第叁肆伍號

第拾伍段

廂墊柒層寬壹丈貳尺長伍丈折
見方每層長陸丈柒層共單長肆
拾貳丈

加長貳丈伍尺徑陸寸簽樁伍根

第拾陸段

廂墊玖層寬壹丈貳尺長伍丈折見
方每層長陸丈玖層共單長伍
拾肆丈

加長叁丈徑柒寸簽樁伍根

第拾柒段

廂墊捌層寬壹丈貳尺長伍丈折見
方每層長陸丈捌層共單長肆

拾捌丈

第拾捌段

加長貳丈伍尺徑陸寸簽樁伍根

廂墊拾層寬壹丈貳尺長伍丈折見

方每層長陸丈拾層共单長陸

拾丈

第拾玖段

加長叁丈徑柒寸簽樁伍根

廂墊玖層寬壹丈貳尺長伍丈折見

方每層長陸丈玖層共单長伍拾

肆丈

第貳拾段

加長貳丈伍尺徑陸寸簽樁伍根

廂墊捌層寬壹丈貳尺長伍丈折見

方每層長陸丈捌層共单長肆

拾捌丈

第貳拾壹段

加長貳丈伍尺徑陸寸簽樁伍根
廂埝柒層寬壹丈貳尺長伍丈折見
方每層長陸丈柒層共凖長肆
拾貳丈

第貳拾貳段

加長貳丈伍尺徑陸寸簽樁伍根
廂埝捌層寬壹丈貳尺長伍丈折見
方每層長陸丈捌層共凖長肆
拾捌丈

第貳拾叁段

加長叁丈徑柒寸簽樁伍根
廂埝玖層寬壹丈貳尺長伍丈折
見方每層長陸丈玖層共凖長
伍拾肆丈
加長貳丈伍尺徑陸寸簽樁伍根

第貳拾肆段

廂墊捌層寬壹丈貳尺長伍丈折

見方每層長陸丈捌層共单長

肆拾捌丈

加長叁丈徑柒寸簽樁伍根

第貳拾伍段

廂墊玖層寬壹丈貳尺長伍丈折

見方每層長陸丈玖層共单長

伍拾肆丈

加長貳丈伍尺徑陸寸簽樁伍根

第貳拾陸段

廂墊捌層寬壹丈貳尺長伍丈折

見方每層長陸丈捌層共单長

肆拾捌丈

加長叁丈徑柒寸簽樁伍根

第貳拾柒段

廂墊柒層寬壹丈貳尺長伍丈折

第貳拾捌段

見方每層長陸丈柒層共單長
肆拾貳丈
加長貳丈伍尺徑陸寸簽樁伍根
廂墊捌層寬壹丈貳尺長伍丈折
見方每層長陸丈捌層共單長
肆拾捌丈
加長貳丈伍尺徑陸寸簽樁伍根
每廂墊壹層寬壹丈長壹丈用
秫秸伍拾束每束連運價銀捌厘
僱夫貳名每名工價銀肆分
以上廂墊折見方共單長陸百玖拾丈用秫
秸叁萬肆千伍百束用銀貳百柒拾陸
兩加長叁丈徑柒寸簽樁貳拾伍根每

根連運價銀伍錢伍分用銀壹拾叁両
柒錢伍分加長貳丈伍尺徑陸寸簽樁
肆拾伍根每根連運價銀肆錢伍分用
銀貳拾両零貳錢伍分僱夫壹千叁百
捌拾名用銀伍拾伍両貳錢

共用銀叁百陸拾伍両貳錢

以上搶修廂墊工程併加簽樁共用錢叁百陸
拾伍両貳錢

第叁肆伍號

第貳拾玖段

廂墊捌層寬壹丈貳尺長伍丈折
見方每層長陸丈捌層共单長
肆拾捌丈
加長貳丈伍尺徑陸寸簽樁伍根

第叁拾段

廂墊玖層寬壹丈貳尺長伍丈折見方每層長陸丈玖層共单長伍拾肆丈

加長叁丈徑柒寸簽樁伍根

第叁拾壹段

廂墊拾層寬壹丈貳尺長伍丈折見方每層長陸丈拾層共单長陸拾丈

加長貳丈伍尺徑陸寸簽樁伍根

第叁拾貳段

廂墊捌層寬壹丈貳尺長伍丈折見方每層長陸丈捌層共单長肆拾捌丈

加長叁丈徑柒寸簽樁伍根

第叁拾叁段

廂墊玖層寬壹丈貳尺長伍丈折見方每層長陸丈玖層共单長伍

拾肆丈

第叁拾肆段

加長貳丈伍尺徑陸寸簽樁伍根
廂墊拾層寬壹丈貳尺長伍丈折見
方每層長陸丈拾層共单長陸拾丈

第叁拾伍段

加長叁丈徑柒寸簽樁伍根
廂墊捌層寬壹丈貳尺長伍丈折見
方每層長陸丈捌層共单長肆拾
捌丈

第叁拾陸段

加長貳丈伍尺徑陸寸簽樁伍根
廂墊捌層寬壹丈貳尺長伍丈折見
方每層長陸丈捌層共单長肆拾
捌丈
加長叁丈徑柒寸簽樁伍根

第叁拾柒段

廂墊玖層寬壹丈貳尺長伍丈折

見方每層長陸丈玖層共单長

伍拾肆丈

加長貳丈伍尺徑陸寸簽樁伍根

第叁拾捌段

廂墊拾層寬壹丈貳尺長伍丈折

見方每層長陸丈拾層共单長陸

拾丈

加長叁丈徑柒寸簽樁伍根

第叁拾玖段

廂墊捌層寬壹丈貳尺長伍丈折

見方每層長陸丈捌層共单長

肆拾捌丈

加長貳丈伍尺徑陸寸簽樁伍根

第肆拾段

廂墊玖層寬壹丈貳尺長伍丈折

見方每層長陸丈玖層共单長
伍拾肆丈

第肆拾壹段

加長叁丈徑柒寸簽樁伍根
廂墊拾層寬壹丈貳尺長肆丈折
見方每層長肆丈捌尺拾層共单
長肆拾捌丈

第肆拾貳段

加長貳丈伍尺徑陸寸簽樁肆根
廂墊拾層寬壹丈貳尺長肆丈折見方
每層長肆丈捌尺拾層共单長肆
拾捌丈

第肆拾叁段

加長貳丈伍尺徑陸寸簽樁肆根
廂墊拾壹層寬壹丈貳尺長伍丈折
見方每層長陸丈拾壹層共单長

陸拾陸丈
加長叁丈徑柒寸簽樁伍根
每廂墊壹層寬壹丈長壹丈用
秫秸伍拾束每束連運價銀捌厘
僱夫貳名每名工價銀肆分
以上廂墊折見方共單長柒百玖拾捌丈用
秫秸叁萬玖千玖百束用銀叁百壹拾
玖兩貳錢加長叁丈徑柒寸簽樁叁拾
伍根每根連運價銀伍錢伍分用銀拾
玖兩貳錢伍分加長貳丈伍尺徑陸寸
簽樁叁拾捌根每根連運價銀肆錢
伍分用銀拾柒兩壹錢僱夫壹千伍百
玖拾陸名用銀陸拾叁兩捌錢肆分

共用銀肆百壹拾玖兩叁錢玖分

以上搶修廂埽工程併加簽樁共用銀肆百壹拾玖兩叁錢玖分

第叁肆伍號

第肆拾肆段

廂埽捌層寬壹丈貳尺長伍丈折見方每層長陸丈捌層共单長肆拾捌丈

加長貳丈伍尺徑陸寸簽樁伍根

第肆拾伍段

廂埽玖層寬壹丈貳尺長伍丈折見方每層長陸丈玖層共单長伍拾肆丈

加長叁丈徑柒寸簽樁伍根

第肆拾陸段

廂埽拾層寬壹丈貳尺長伍丈折見

方每層長陸丈拾層共單長陸拾丈

第肆拾柒段

加長貳丈伍尺徑陸寸簽樁伍根
廂墊捌層寬壹丈貳尺長伍丈折見方每層長陸丈捌層共單長肆拾捌丈

第肆拾捌段

加長叁丈徑柒寸簽樁伍根
廂墊捌層寬壹丈貳尺長伍丈折見方每層長陸丈捌層共單長肆拾捌丈

第肆拾玖段

加長貳丈伍尺徑陸寸簽樁伍根
廂墊玖層寬壹丈貳尺長伍丈折見方每層長陸丈玖層共單長伍拾

肆丈

第伍拾段

加長貳丈伍尺徑陸寸簽樁伍根
廂墊拾層寬壹丈貳尺長伍丈折
見方每層長陸丈拾層共单長陸
拾丈

第伍拾壹段

加長叁丈徑柒寸簽樁伍根
廂墊玖層寬壹丈貳尺長伍丈折見
方每層長陸丈玖層共单長伍拾
肆丈

第伍拾貳段

加長貳丈伍尺徑陸寸簽樁伍根
廂墊捌層寬壹丈貳尺長伍丈折見
方每層長陸丈捌層共单長肆
拾捌丈

第伍拾叁段

加長叁丈徑柒寸簽樁伍根
廂墊玖層寬壹丈貳尺長伍丈折
見方每層長陸丈玖層共單長伍
拾肆丈

第伍拾肆段

加長貳丈伍尺徑陸寸簽樁伍根
廂墊拾層寬壹丈貳尺長伍丈折
見方每層長陸丈拾層共單長陸
拾丈

第伍拾伍段

加長叁丈徑柒寸簽樁伍根
廂墊捌層寬壹丈貳尺長伍丈折見
方每層長陸丈捌層共單長肆
拾捌丈
加長貳丈伍尺徑陸寸簽樁伍根

第伍拾陸段

廂墊拾層寬壹丈貳尺長伍丈折見方每層長陸丈拾層共單長陸拾丈

加長叁丈徑柒寸簽樁伍根

第伍拾柒段

廂墊捌層寬壹丈貳尺長陸丈折見方每層長柒丈貳尺捌層共單長伍拾柒丈陸尺

加長貳丈伍尺徑陸寸簽樁陸根

第伍拾捌段

廂墊捌層寬壹丈貳尺長陸丈折見方每層長柒丈貳尺捌層共單長伍拾柒丈陸尺

加長貳丈伍尺徑陸寸簽樁陸根

第伍拾玖段

廂墊玖層寬壹丈貳尺長陸丈折見方

每層長柒丈貳尺玖層共單長陸
拾肆丈捌尺
加長貳丈伍尺徑陸寸簽樁陸根
每廂墊壹層寬壹丈長壹丈用
秫秸伍拾束每束連運價銀捌厘
僱夫貳名每名工價銀肆分
以上廂墊折見方共單長捌百柒拾陸丈用
秫秸肆萬叁千捌百束用銀叁百伍拾兩
零肆錢加長叁丈徑柒寸簽樁叁拾根
每根連運價銀伍錢伍分用銀拾陸兩
伍錢加長貳丈伍尺徑陸寸簽樁伍拾叁
根每根連運價銀肆錢伍分用銀貳
拾叁兩捌錢伍分僱夫壹千柒百伍拾貳

名用銀柒拾兩零零捌分

共用銀肆百陸拾兩零捌錢叁分

以上搶修廂埽工程併加簽樁共用銀肆百陸拾
兩零捌錢叁分

以上肆案搶修廂埽工程併加簽樁共用銀壹千陸百
陸拾捌兩陸錢貳分查北岸頭工上中下汛貳工上
下汛叁工肆工上汛採辦秫秸
奏准每束加添運脚銀貳厘伍毫該工計用秫秸
拾伍萬捌千柒百束用銀叁百玖拾陸兩柒錢
伍分

北岸貳工上汛良鄉縣縣丞
一領銀壹千零壹拾玖兩陸錢肆分
又領秫秸加添運脚銀貳百伍拾壹兩陸錢貳分伍厘

第柒號堤長壹百捌拾丈頂寬伍丈底寬拾貳丈高壹丈陸尺

第壹段

廂墊拾層寬壹丈柒尺伍寸 長柒丈陸尺
折見方每層長拾叁丈叁尺拾層共单
長壹百叁拾叁丈
加長叁丈徑柒寸簽樁柒根

第貳段

廂墊拾壹層寬壹丈捌尺長伍丈折見
方每層長玖丈拾壹層共单 長玖
拾玖丈
加長叁丈徑柒寸簽樁伍根

第叁段

廂墊拾層寬壹丈柒尺長伍丈伍尺折
見方每層長玖丈叁尺伍寸 拾層共
单長玖拾叁丈伍尺
加長叁丈徑柒寸簽樁伍根

第肆段

廂墊拾肆層寬壹丈貳尺長陸丈折見方每層長柒丈貳尺拾肆層共单長壹百丈零零捌尺

加長叄丈徑柒寸簽樁陸根

第伍段

廂墊拾陸層寬壹丈貳尺伍寸長伍丈伍尺折見方每層長陸丈捌尺柒寸伍分拾陸層共单長壹百壹拾丈

加長叄丈徑柒寸簽樁伍根

第陸段

廂墊拾叄層寬壹丈貳尺長肆丈伍尺折見方每層長伍丈肆尺拾叄層共单長柒拾丈零貳尺

加長叄丈徑柒寸簽樁肆根

第柒段

廂墊拾陸層寬壹丈貳尺伍寸長伍丈

伍尺折見方每層長陸丈捌尺柒寸伍分
拾陸層共單長壹百壹拾丈
加長貳丈伍尺徑陸寸簽樁伍根

第捌段

廂墊拾貳層寬壹丈壹尺伍寸長伍丈
折見方每層長伍丈柒尺伍寸拾貳層
共單長陸拾玖丈
加長叁丈徑柒寸簽樁伍根
每廂墊壹層寬壹丈長壹丈用
秫稭伍拾束每束連運價銀捌厘
僱夫貳名每名工價銀肆分
以上廂墊折見方共單長柒百捌拾伍丈伍
尺用秫稭叁萬玖千貳百柒拾伍束用
銀叁百壹拾肆兩貳錢加長叁丈徑柒

寸篸樁叁拾柒根每根連運價銀伍
錢伍分用銀貳拾兩零叁錢伍分加長貳
丈伍尺徑陸寸篸樁伍根每根連運價
銀肆錢伍分用銀貳兩貳錢伍分催夫
壹千伍百柒拾壹名用銀陸拾貳兩捌
錢肆分
共用銀叁百玖拾玖兩陸錢肆分
以上搶修廂墊工程併加篸樁共用銀叁百玖
拾玖兩陸錢肆分

第柒號
第玖段

廂墊拾玖層寬壹丈貳尺長伍丈伍尺
折見方每層長陸丈陸尺拾玖層共
單長壹百貳拾伍丈肆尺

第拾段

加長叁丈徑柒寸簽樁伍根
廂埽貳拾壹層寬壹丈貳尺長伍丈伍
尺折見方每層長陸丈陸尺貳拾壹層
共単長壹百叁拾捌丈陸尺
加長叁丈徑柒寸簽樁伍根

第拾壹段

廂埽貳拾伍層寬壹丈壹尺伍寸陸分長
伍丈伍尺折見方每層長陸丈叁尺伍寸
捌分貳拾伍層共単長壹百伍拾捌丈
玖尺伍寸
加長叁丈徑柒寸簽樁伍根

第拾貳段

廂埽貳拾貳層寬壹丈叁尺長肆丈折見
方每層長伍丈貳尺貳拾貳層共単
長壹百壹拾肆丈肆尺

第拾叁段

加長叁丈徑柒寸簽樁肆根

廂墊拾柒層寬壹丈貳尺伍寸長肆丈

折見方每層長伍丈拾柒層共單長

捌拾伍丈

第拾肆段

加長叁丈徑柒寸簽樁肆根

廂墊拾伍層寬壹丈貳尺伍寸長陸丈

折見方每層長柒丈伍尺拾伍層共

單長壹百壹拾貳丈伍尺

加長叁丈徑柒寸簽樁陸根

每廂墊壹層寬壹丈長壹丈用

秫秸伍拾束每束連運價銀捌厘

僱夫貳名每名工價銀肆分

以上廂墊折見方共單長柒百叁拾肆丈捌

尺伍寸用秫秸叁萬陸千柒百肆拾貳束半
用銀貳百玖拾叁兩玖錢肆分加長叁丈
徑柒寸簽樁貳拾玖根每根連運價銀
伍錢伍分用銀拾伍兩玖錢伍分僱夫壹
千肆百陸拾玖名柒分用銀伍拾捌兩柒
錢捌分捌厘

共用銀叁百陸拾捌兩陸錢柒分捌厘

以上搶修廂埽工程併加簽樁共用銀叁百陸
拾捌兩陸錢柒分捌厘

第柒號

第拾伍段

廂埽拾柒層寬壹丈貳尺伍寸長伍丈
折見方每層長陸丈貳尺伍寸 拾柒
層共單長壹百零陸丈貳尺伍寸

第拾陸段

加長叄丈徑柒寸簽樁伍根
廂墊拾伍層寬壹丈貳尺長伍丈折見
方每層長陸丈拾伍層共单長玖
拾丈

第拾柒段

加長叄丈徑柒寸簽樁伍根
廂墊拾伍層寬壹丈貳尺長陸丈捌尺
折見方每層長捌丈壹尺陸寸拾伍
層共单長壹百貳拾貳丈肆尺
加長叄丈徑柒寸簽樁柒根

第拾捌段

廂墊拾肆層寬壹丈貳尺長伍丈折見
方每層長陸丈拾肆層共单長捌
拾肆丈
加長叄丈徑柒寸簽樁伍根

第拾玖段

廂墊拾伍層寬壹丈貳尺長伍丈折
見方每層長陸丈拾伍層共單長玖
拾丈
加長叁丈徑柒寸簽樁伍根
每廂墊壹層寬壹丈長壹丈用
秫秸伍拾束每束連運價銀捌厘
僱夫貳名每名工價銀肆分
以上廂墊折見方共單長肆百玖拾貳丈陸尺
伍寸用秫秸貳萬肆千陸百叁拾貳束半
用銀壹百玖拾柒兩零陸分加長叁丈徑
柒寸簽樁貳拾柒根每根連運價銀伍
錢伍分用銀拾肆兩捌錢伍分僱夫玖百
捌拾伍名叁分用銀叁拾玖兩肆錢壹

分貳厘

共用銀貳百伍拾壹兩叁錢貳分貳厘

以上搶修廂埽工程併加簽椿共用銀貳百伍拾

壹兩叁錢貳分貳厘

以上叁案搶修廂埽工程併加簽椿共用銀壹千零

壹拾玖兩陸錢肆分查北岸頭工上中下汛貳工

上下汛叁工肆工上汛採辦秫秸

奏准每束加添運脚銀貳厘伍毫該工計用秫

秸拾萬零陸百伍拾束用銀貳百伍拾壹

兩陸錢貳分伍厘

以上北岸肆汛搶修廂埽工程併加簽椿共用銀伍千伍

百壹拾叁兩壹錢伍分查北岸頭工上中下汛貳工上下

汛叁工肆工上汛採辦秫秸

奏准每束加添運脚銀貳厘伍毫該肆汛計用秫秸伍拾叁萬柒千伍百束用銀壹千叁百肆拾叁两柒錢伍分

前件各段廂墊工程寬長丈尺並修墊層數均照沖塌丈尺層數修墊每層係高壹尺其柴束不能合縫之處俱運土築實合併聲明

北岸同知屬
北岸貳工下汛東安縣主簿
一領銀捌百零柒兩柒錢柒分
又領秫秸加添運脚銀壹百玖拾柒兩陸錢捌分柒厘伍亳
第捌玖號 每號堤長壹百捌拾丈頂寬貳丈捌尺底寬柒丈高壹丈
第壹段
廂墊拾伍層寬壹丈貳尺長肆丈貳尺
折見方每層長伍丈零肆寸拾伍層
共单長柒拾伍丈陸尺
加長貳丈伍尺徑陸寸簽樁肆根
第貳段
廂墊拾肆層寬壹丈壹尺長伍丈折見
方每層長伍丈伍尺拾肆層共单長
柒拾柒丈
加長叁丈徑柒寸簽樁伍根

第叁段

廂墊拾叁層寬壹丈壹尺長伍丈折見
方每層長伍丈伍尺拾叁層共單長
柒拾壹丈伍尺
加長貳丈伍尺徑陸寸簽樁伍根

第肆段

廂墊拾肆層寬壹丈壹尺長陸丈折見
方每層長陸丈陸尺拾肆層共單長
玖拾貳丈肆尺
加長叁丈徑柒寸簽樁陸根

第伍段

廂墊拾伍層寬壹丈壹尺長伍丈折見
方每層長伍丈伍尺拾伍層共單長
捌拾貳丈伍尺
加長叁丈徑柒寸簽樁伍根

第陸段

廂墊拾伍層寬壹丈壹尺長肆丈折見

方每層長肆丈肆尺拾伍層共单長
陸拾陸丈
加長貳丈伍尺徑陸寸簽樁肆根

第柒段

廂墊拾陸層寬壹丈壹尺長伍丈折見
方每層長伍丈伍尺拾陸層共单長捌
拾捌丈
加長叁丈徑柒寸簽樁伍根

第捌段

廂墊拾陸層寬壹丈壹尺長伍丈折見
方每層長伍丈伍尺拾陸層共单長
捌拾捌丈
加長貳丈伍尺徑陸寸簽樁伍根

第玖段

廂墊拾層寬壹丈壹尺長伍丈折見
方每層長伍丈伍尺拾層共单長

第拾段

伍拾伍丈

加長叁丈徑柒寸簽樁伍根

廂墊拾伍層寬壹丈壹尺長陸丈折見

方每層長陸丈陸尺拾伍層共單長

玖拾玖丈

加長叁丈徑柒寸簽樁陸根

每廂墊壹層寬壹丈長壹丈用

秫秸伍拾束每束連運價銀捌厘

僱夫貳名每名工價銀肆分

以上廂墊折見方共單長柒百玖拾伍丈用

秫秸叁萬玖千柒百伍拾束用銀叁百

壹拾捌兩加長叁丈徑柒寸簽樁叁拾

貳根每根連運價銀伍錢伍分用　銀

拾柒兩陸錢加長貳丈伍尺徑陸寸　簽

樁拾捌根每根連運價銀肆錢伍分

用銀捌兩壹錢僱夫壹千伍百玖拾名

用銀陸拾叁兩陸錢

共用銀肆百零柒兩叁錢

以上搶修廂埽工程併加簽樁共用銀肆百

零柒兩叁錢

第捌玖號

第拾壹段

廂埽拾伍層寬壹丈壹尺長肆丈折

見方每層長肆丈肆尺拾伍層共

単長陸拾陸丈

加長叁丈徑柒寸簽樁肆根

第拾貳段

廂埽拾肆層寬壹丈壹尺長伍丈折

見方每層長伍丈伍尺拾肆層共單
長柒拾柒丈
加長貳丈伍尺徑陸寸簽樁伍根

第拾叁段

廂墊拾伍層寬壹丈壹尺長伍丈折見
方每層長伍丈伍尺拾伍層共單
長捌拾貳丈伍尺
加長貳丈伍尺徑陸寸簽樁伍根

第拾肆段

廂墊拾柒層寬壹丈壹尺長伍丈折
見方每層長伍丈伍尺拾柒層共
單長玖拾叁丈伍尺
加長叁丈徑柒寸簽樁伍根

第拾伍段

廂墊拾貳層寬壹丈壹尺長伍丈折
見方每層長伍丈伍尺拾貳層共單

長陸拾陸丈

第拾陸段

加長貳丈伍尺徑陸寸簽樁伍根
廂墊拾陸層寬壹丈壹尺長伍丈折見
方每層長伍丈伍尺拾陸層共單長
捌拾捌丈

第拾柒段

加長貳丈伍尺徑陸寸簽樁伍根
廂墊拾伍層寬壹丈壹尺長伍丈折見
方每層長伍丈伍尺拾伍層共單長
捌拾貳丈伍尺

第拾捌段

加長貳丈伍尺徑陸寸簽樁伍根
廂墊拾叁層寬壹丈壹尺長伍丈折
見方每層長伍丈伍尺拾叁層共單
長柒拾壹丈伍尺

加長貳丈伍尺徑陸寸簽樁伍根

第拾玖段

廂墊拾陸層寬壹丈壹尺長伍丈折

見方每層長伍丈伍尺拾陸層共单

長捌拾捌丈

加長貳丈伍尺徑陸寸簽樁伍根

第貳拾段

廂墊拾叁層寬壹丈壹尺長伍丈折

見方每層長伍丈伍尺拾叁層共单

長柒拾壹丈伍尺

加長貳丈伍尺徑陸寸簽樁伍根

每廂墊壹層寬壹丈長壹丈用

秫秸伍拾束每束連運價銀捌厘

僱夫貳名每名工價銀肆分

以上廂墊折見方共单長柒百捌拾陸丈伍

尺用秫秸叁萬玖千叁百貳拾伍束　用
銀叁百壹拾肆兩陸錢加長叁丈徑柒寸
簽樁玖根每根連運價銀伍錢伍分用
銀肆兩玖錢伍分加長貳丈伍尺徑陸寸
簽樁肆拾根每根連運價銀肆錢伍
分用銀拾捌兩僱夫壹千伍百柒拾叁
名用銀陸拾貳兩玖錢貳分
共用銀肆百兩零零肆錢柒分
以上搶修廂埽工程併加簽樁共用銀肆百兩
零零肆錢柒分
以上貳案搶修廂埽工程併加簽樁共用銀捌百
零柒兩柒錢柒分查北岸頭工上中下汛貳工
上下汛叁工肆工上汛採辦秫秸

奏准每束加添運脚銀貳厘伍毫該工計用秫
稭柒萬玖千零柒拾伍束用銀壹百玖拾柒
兩陸錢捌分柒厘伍毫

北岸叁工涿州州判

一領銀捌百壹拾伍兩伍錢捌分

又領秫稭加添運脚銀壹百玖拾玖兩伍錢

第拾壹貳叁號每號堤長壹百捌拾丈頂寬伍丈貳尺底寬拾貳丈高壹丈柒尺伍寸

第貳拾壹段

廂墊拾叁層寬壹丈貳尺長伍丈折

見方每層長陸丈拾叁層共單長

柒拾捌丈

加長貳丈伍尺徑陸寸簽樁伍根

第貳拾貳段

廂墊拾貳層寬壹丈貳尺長伍丈折

見方每層長陸丈拾貳層共單長

柒拾貳丈

第貳拾叁段

加長叁丈徑柒寸簽樁伍根
廂墊拾肆層寬壹丈貳尺長伍丈折
見方每層長陸丈拾肆層共单長
捌拾肆丈

第貳拾肆段

加長貳丈伍尺徑陸寸簽樁伍根
廂墊拾叁層寬壹丈貳尺長伍丈折
見方每層長陸丈拾叁層共单長
柒拾捌丈

第貳拾伍段

加長叁丈徑柒寸簽樁伍根
廂墊拾貳層寬壹丈貳尺長伍丈
折見方每層長陸丈拾貳層共单
長柒拾貳丈

第貳拾陸段

加長叁丈徑柒寸簽樁伍根
廂墊拾壹層寬壹丈貳尺長伍丈折
見方每層長陸丈拾壹層共單長
陸拾陸丈

第貳拾柒段

加長叁丈徑柒寸簽樁伍根
廂墊拾貳層寬壹丈貳尺長伍丈折
見方每層長陸丈拾貳層共單長
柒拾貳丈

第貳拾捌段

加長貳丈伍尺徑陸寸簽樁伍根
廂墊拾叁層寬壹丈貳尺長伍丈折
見方每層長陸丈拾叁層共單長
柒拾捌丈

加長叁丈徑柒寸簽樁伍根

第貳拾玖段

廂墊拾肆層寬壹丈貳尺長伍丈折
見方每層長陸丈拾肆層共单長
捌拾肆丈

加長貳丈伍尺徑陸寸簽樁伍根

第叁拾段

廂墊拾伍層寬壹丈貳尺長伍丈折
見方每層長陸丈拾伍層共单長
玖拾丈

加長貳丈伍尺徑陸寸簽樁伍根

每廂墊壹層寬壹丈長壹丈用
秫秸伍拾束每束連運價銀捌厘
僱夫貳名每名工價銀肆分

以上廂墊折見方共单長柒百柒拾肆丈
用秫秸叁萬捌千柒百束用銀叁百

零玖兩陸錢加長叁丈徑柒寸簽樁
貳拾伍根每根連運價銀伍錢伍分
用銀拾叁兩柒錢伍分加長貳丈伍尺
徑陸寸簽樁貳拾伍根每根連運價
銀肆錢伍分用銀拾壹兩貳錢伍分
僱夫壹千伍百肆拾捌名用銀陸拾壹兩
玖錢貳分

共用銀叁百玖拾陸兩伍錢貳分

以上搶修廂墊工程併加簽樁共用銀叁百玖拾
陸兩伍錢貳分

第拾壹貳叁號

第叁拾壹段

廂墊拾叁層寬壹丈貳尺長伍丈折
見方每層長陸丈拾叁層共單長

柒拾捌丈

第叁拾貳段

加長貳丈伍尺徑陸寸簽樁伍根
廂墊拾肆層寬壹丈貳尺長伍丈折見方每層長陸丈拾肆層共単長捌拾肆丈

第叁拾叁段

加長叁丈徑柒寸簽樁伍根
廂墊拾伍層寬壹丈貳尺長伍丈折見方每層長陸丈拾伍層共単長玖拾丈

第叁拾肆段

加長貳丈伍尺徑陸寸簽樁伍根
廂墊拾肆層寬壹丈貳尺長伍丈折見方每層長陸丈拾肆層共単長捌拾肆丈

第叁拾伍段

加長叁丈徑柒寸簽樁伍根
廂墊拾肆層寬壹丈貳尺長伍丈折
見方每層長陸丈拾肆層共單長
捌拾肆丈

第叁拾陸段

加長貳丈伍尺徑陸寸簽樁伍根
廂墊拾叁層寬壹丈貳尺長伍丈折見
方每層長陸丈拾叁層共單長柒
拾捌丈

第叁拾柒段

加長叁丈徑柒寸簽樁伍根
廂墊拾貳層寬壹丈貳尺長伍丈折
見方每層長陸丈拾貳層共單長
柒拾貳丈
加長貳丈伍尺徑陸寸簽樁伍根

第叁拾捌段

廂墊拾叁層寬壹丈貳尺長伍丈折
見方每層長陸丈拾叁層共单
長柒拾捌丈
加長叁丈徑柒寸簽樁伍根

第叁拾玖段

廂墊拾伍層寬壹丈貳尺長伍丈折
見方每層長陸丈拾伍層共单長
玖拾丈
加長貳丈伍尺徑陸寸簽樁伍根

第肆拾段

廂墊拾肆層寬壹丈貳尺長伍丈
折見方每層長陸丈拾肆層共单
長捌拾肆丈
加長貳丈伍尺徑陸寸簽樁伍根
每廂墊壹層寬壹丈長壹丈用

秫秸伍拾束每束連運價銀捌厘
僱夫貳名每名工價銀肆分
以上廂墊折見方共單長捌百貳拾貳丈
用秫秸肆萬壹千壹百束用銀叁百
貳拾捌兩捌錢加長叁丈徑柒寸簽樁
貳拾根每根連運價銀伍錢伍分用
銀拾壹兩加長貳丈伍尺徑陸寸簽樁
叁拾根每根連運價銀肆錢伍分用
銀拾叁兩伍錢僱夫壹千陸百肆拾肆
名用銀陸拾伍兩柒錢陸分
共用銀肆百壹拾玖兩零陸分
以上搶修廂墊工程併加簽樁共用銀肆百壹
拾玖兩零陸分

以上貳案搶修廂墊工程併加簽樁共用銀捌百壹拾
伍兩伍錢捌分查北岸頭工上中下汛貳工上下汛
叄工肆工上汛採辦秫秸
奏准每束加添運脚銀貳厘伍毫該工計用秫秸
柒萬玖千捌百束用銀壹百玖拾玖兩伍錢

北岸肆工上汛涿州州同
應領銀壹千叄百零伍兩柒錢
又領秫秸加添運脚銀壹百玖拾陸兩伍錢陸分貳厘伍毫
第貳號堤長壹百捌拾丈頂寬叄丈底寬拾壹丈伍尺高壹丈柒尺

陸月分

第壹段
廂墊拾捌層寬壹丈壹尺長肆丈肆尺
折見方每層長肆丈捌尺肆寸拾捌
層共單長捌拾柒丈壹尺貳寸
加長叄丈徑柒寸簽樁肆根

柒月分

廂墊拾叁層寬壹丈壹尺長肆丈肆尺折見方每層長肆丈捌尺肆寸拾叁層共單長陸拾貳丈玖尺貳寸

加長貳丈伍尺徑陸寸簽樁肆根

陸月分　第貳段

廂墊叁拾層寬壹丈貳尺長叁丈貳尺折見方每層長叁丈捌尺肆寸叁拾層共單長壹百壹拾伍丈貳尺

加長叁丈徑柒寸簽樁叁根

柒月分

廂墊貳拾肆層寬壹丈貳尺長叁丈貳尺折見方每層長叁丈捌尺肆寸貳拾肆層共單長玖拾貳丈壹尺陸寸

加長貳丈伍尺徑陸寸簽樁叁根

陸月分　第叁段

廂墊貳拾肆層寬壹丈貳尺伍寸長伍

柒月分

陸月分

第肆段

柒月分

丈折見方每層長陸丈貳尺伍寸貳
拾肆層共單長壹百伍拾丈
加長叄丈徑柒寸簽樁伍根
廂墊拾陸層寬壹丈貳尺伍寸長伍
丈折見方每層長陸丈貳尺伍寸拾
陸層共單長壹百丈
加長貳丈伍尺徑陸寸簽樁伍根
廂墊貳拾貳層寬壹丈貳尺長伍丈
貳尺折見方每層長陸丈貳尺肆寸
貳拾貳層共單長壹百叄拾柒丈
貳尺捌寸
加長叄丈徑柒寸簽樁伍根
廂墊拾捌層寬壹丈貳尺長伍丈貳尺

折見方每層長陸丈貳尺肆寸拾捌
層共单長壹百壹拾貳丈叁尺貳寸
加長貳丈伍尺徑陸寸簽樁伍根

每廂墊壹層寬壹丈長壹丈用
秫秸伍拾束每束連運價銀捌厘
僱夫貳名每名工價銀肆分

以上廂墊折見方共单長捌百伍拾柒丈用
秫秸肆萬貳千捌百伍拾束用銀叁百
肆拾貳兩捌錢加長叁丈徑柒寸簽
樁拾柒根每根連運價銀伍錢伍分
用銀玖兩叁錢伍分加長貳丈伍尺徑
陸寸簽樁拾柒根每根連運價銀肆
錢伍分用銀柒兩陸錢伍分僱夫

壹千柒百壹拾肆名用銀陸拾捌兩
伍錢陸分
共用銀肆百貳拾捌兩叁錢陸分
以上搶修廂墊工程併加簽樁共用銀肆百貳
拾捌兩叁錢陸分

陸月分

第貳號
第伍段

廂墊拾捌層寬壹丈貳尺伍寸長伍
丈折見方每層長陸丈貳尺伍寸
拾捌層共單長壹百壹拾貳丈伍尺
加長貳丈伍尺徑陸寸簽樁伍根

柒月分

廂墊貳拾貳層寬壹丈貳尺伍寸長伍
丈折見方每層長陸丈貳尺伍寸
貳拾貳層共單長壹百叁拾柒丈伍尺

陸月分　第陸段

柒月分

陸月分　第柒段

加長叁丈徑柒寸簽樁伍根

廂墊拾柒層寬壹丈貳尺伍寸長伍丈

折見方每層長陸丈貳尺伍寸拾柒

層共單長壹百零陸丈貳尺伍寸

加長貳丈伍尺徑陸寸簽樁伍根

廂墊貳拾壹層寬壹丈貳尺伍寸長伍

丈折見方每層長陸丈貳尺伍寸貳拾

壹層共單長壹百叁拾壹丈貳尺伍寸

加長貳丈伍尺徑陸寸簽樁伍根

廂墊貳拾叁層寬壹丈貳尺長叁丈捌尺

折見方每層長肆丈伍尺陸寸貳拾叁

層共單長壹百零肆丈捌尺捌寸

加長叁丈徑柒寸簽樁肆根

柒月分

廂墊貳拾柒層寬壹丈貳尺長叁丈捌尺
折見方每層長肆丈伍尺陸寸貳拾柒
層共单長壹百貳拾叁丈壹尺貳寸
加長叁丈徑柒寸簽樁肆根
每廂墊壹層寬壹丈長壹丈用
秫秸伍拾束每束連運價銀捌厘
僱夫貳名每名工價銀肆分
以上廂墊折見方共单長柒百壹拾伍丈伍
尺用秫秸叁萬伍千柒百柒拾伍束用
銀貳百捌拾陸兩貳錢加長叁丈徑
柒寸簽樁拾叁根每根連運價銀伍錢伍
分用銀柒兩壹錢伍分加長貳丈伍尺
徑陸寸簽樁拾伍根每根連運價銀

肆錢伍分用銀陸兩柒錢伍分僱夫壹
千肆百叁拾壹名用銀伍拾柒兩貳錢
肆分

共用銀叁百伍拾柒兩叁錢肆分

以上搶修廂埽工程併加簽樁共用銀叁百伍
拾柒兩叁錢肆分

第拾號堤長壹百捌拾丈頂寬肆丈伍尺底寬拾肆丈伍尺高貳丈

第壹段

廂埽拾壹層寬壹丈壹尺長肆丈伍尺
折見方每層長肆丈玖尺伍寸拾壹
層共單長伍拾肆丈肆尺伍寸
加長貳丈伍尺徑陸寸簽樁肆根

第貳段

廂埽拾層寬壹丈貳尺長伍丈陸尺折
見方每層長陸丈柒尺貳寸拾層共

第叁段

单長陸拾柒丈貳尺
加長叁丈徑柒寸簽樁伍根
廂墊拾肆層寬壹丈壹尺長陸丈折見
方每層長陸丈陸尺拾肆層共单長
玖拾貳丈肆尺

第肆段

加長貳丈伍尺徑陸寸簽樁陸根
廂墊拾層寬壹丈貳尺長肆丈貳尺折
見方每層長伍丈零肆寸拾層共单
長伍拾丈零肆尺

第伍段

加長貳丈伍尺徑陸寸簽樁肆根
廂墊拾伍層寬壹丈貳尺伍寸長陸丈
折見方每層長柒丈伍尺拾伍層共
单長壹百壹拾貳丈伍尺

第陸段

加長貳丈伍尺徑陸寸簽樁陸根
廂墊拾叁層寬壹丈貳尺伍寸長肆丈
折見方每層長伍丈拾叁層共單長
陸拾伍丈

第柒段

加長叁丈徑柒寸簽樁伍根
廂墊拾層寬壹丈叁尺長陸丈肆尺
折見方每層長捌丈叁尺貳寸拾層
共單長捌拾叁丈貳尺

第捌段

加長貳丈伍尺徑陸寸簽樁陸根
廂墊拾層寬壹丈貳尺伍寸長伍丈
叁尺折見方每層長陸丈陸尺貳寸
伍分拾層共單長陸拾陸丈貳尺伍寸
加長貳丈伍尺徑陸寸簽樁伍根

第玖段

廂墊拾層寬壹丈貳尺長肆丈叁尺折見方每層長伍丈壹尺陸寸拾層共單長伍拾壹丈陸尺

加長貳丈伍尺徑陸寸簽樁肆根

第拾段

廂墊拾層寬壹丈叁尺長肆丈折見方每層長伍丈貳尺拾層共單長伍拾貳丈

加長貳丈伍尺徑陸寸簽樁肆根

每廂墊壹層寬壹丈長壹丈用

秫秸伍拾束每束連運價銀捌厘

僱夫貳名每名工價銀肆分

以上廂墊折見方共單長陸百玖拾伍丈用

秫秸叁萬肆千柒百伍拾束用銀貳

百柒拾捌兩加長叁丈徑柒寸簽樁拾根每根連運價銀伍錢伍分用銀伍兩伍錢加長貳丈伍尺徑陸寸簽樁叁拾玖根每根連運價銀肆錢伍分用銀拾柒兩伍錢伍分僱夫壹千叁百玖拾名用銀伍拾伍兩陸錢

共用銀叁百伍拾陸兩陸錢伍分

以上搶修廂墊工程併加簽樁共用銀叁百伍拾陸兩陸錢伍分

第拾號

第拾壹段

廂墊貳拾肆層寬壹丈貳尺伍寸長肆丈伍尺折見方每層長伍丈陸尺貳寸伍分貳拾肆層共單長壹百叁拾伍丈

第拾貳段

加長叁丈徑柒寸簽樁肆根

廂墊叁拾層寬壹丈叁尺長伍丈折見方每層長陸丈伍尺叁拾層共单長壹百玖拾伍丈

加長叁丈徑柒寸簽樁伍根

每廂墊壹層寬壹丈長壹丈用秫秸伍拾束每束連運價銀捌厘

僱夫貳名每名工價銀肆分

以上廂墊折見方共单長叁百叁拾丈用秫秸壹萬陸千伍百束用銀壹百叁拾貳兩加長叁丈徑柒寸簽樁玖根每根連運價銀伍錢伍分用銀肆兩玖錢伍分僱夫陸百陸拾名用銀貳拾陸兩肆錢

共用銀壹百陸拾叁兩叁錢伍分

以上搶修廂墊工程併加簽樁共用銀壹百陸
拾叁兩叁錢伍分

以上肆案搶修廂墊工程併加簽樁共用銀壹千叁
百零伍兩柒錢查北岸頭工上中下汛貳工上下汛
叁工肆工上汛第壹貳號採辦秫秸
奏准每束加添運脚銀貳厘伍毫該貳號計
用秫秸柒萬捌千陸百貳拾伍束用銀壹百
玖拾陸兩伍錢陸分貳厘伍毫

北岸肆工下汛固安縣縣丞

一領銀柒百陸拾柒兩捌錢

第貳號堤長壹百捌拾丈頂寬叁丈貳尺底寬拾貳丈伍尺高壹丈捌尺伍寸

第柒段　廂墊貳拾貳層寬壹丈貳尺長伍丈折見

陸月分

方每層長陸丈貳拾貳層共單長壹百
叁拾貳丈
加長叁丈徑柒寸簽樁伍根

柒月分
廂墊貳拾壹層寬壹丈貳尺長伍丈折
見方每層長陸丈貳拾壹層共單長
壹百貳拾陸丈
加長叁丈徑柒寸簽樁伍根

第捌段

陸月分
廂墊貳拾叁層寬壹丈貳尺伍寸長伍
丈折見方每層長陸丈貳尺伍寸貳
拾叁層共單長壹百肆拾叁丈柒尺
伍寸
加長叁丈徑柒寸簽樁伍根

柒月分
廂墊貳拾伍層寬壹丈貳尺伍寸長伍

丈折見方每層長陸丈貳尺伍寸貳拾伍層共单長壹百伍拾陸丈貳尺伍寸

加長叁丈徑柒寸簽樁伍根

廂墊貳拾層寬壹丈貳尺長貳丈伍尺折見方每層長叁丈貳拾層共单長陸拾丈

陸月分 第玖段

加長叁丈徑柒寸簽樁叁根

廂墊貳拾肆層寬壹丈貳尺長貳丈伍尺折見方每層長叁丈貳拾肆層共单長柒拾貳丈

柒月分

加長叁丈徑柒寸簽樁叁根

每廂墊壹層寬壹丈長壹丈用

秫秸伍拾束每束連運價銀捌厘
僱夫貳名每名工價銀肆分
以上廂埽折見方共單長陸百玖拾丈用秫秸
叁萬肆千伍百束用銀貳百柒拾陸兩
加長叁丈徑柒寸簽樁貳拾陸根每根
連運價銀伍錢伍分用銀拾肆兩叁錢
僱夫壹千叁百捌拾名用銀伍拾伍兩
貳錢
共用銀叁百肆拾伍兩伍錢
以上搶修廂埽工程併加簽樁共用銀叁百肆
拾伍兩伍錢
廂埽拾捌層寬壹丈貳尺伍寸長肆丈
第拾段
第貳號
陸月分

柒月分

陸月分　第拾壹段

叁尺折見方每層長伍丈叁尺柒寸伍分拾捌層共单長玖拾陸丈柒尺伍寸

加長叁丈徑柒寸簽樁伍根

廂墊貳拾貳層寬壹丈貳尺伍寸長肆丈叁尺折見方每層長伍丈叁尺柒寸伍分貳拾貳層共单長壹百壹拾捌丈貳尺伍寸

加長貳丈伍尺徑陸寸簽樁伍根

廂墊貳拾陸層寬壹丈貳尺長伍丈伍尺折見方每層長陸丈陸尺貳拾陸層共单長壹百柒拾壹丈陸尺

加長叁丈徑柒寸簽樁叁根

加長貳丈伍尺徑陸寸簽樁叁根

柒月分

廂墊貳拾肆層寬壹丈貳尺長伍丈伍
尺折見方每層長陸丈陸尺貳拾肆
層共单長壹百伍拾捌丈肆尺
加長叁丈徑柒寸簽樁叁根
加長貳丈伍尺徑陸寸簽樁叁根

第叁號堤長壹百捌拾丈頂寬貳丈貳尺底寬拾壹丈高壹丈陸尺

陸月分

第壹段

廂墊拾玖層寬壹丈貳尺伍寸長陸丈折
見方每層長柒丈伍尺拾玖層共单
長壹百肆拾貳丈伍尺
加長貳丈伍尺徑陸寸簽樁陸根

柒月分

廂墊貳拾壹層寬壹丈貳尺伍寸長陸丈
折見方每層長柒丈伍尺貳拾壹層共
单長壹百伍拾柒丈伍尺

加長叁丈徑柒寸簽樁叁根
加長貳丈伍尺徑陸寸簽樁叁根
每廂墊壹層寬壹丈長壹丈用
秫秸伍拾束每束連運價銀捌厘
催夫貳名每名工價銀肆分

以上廂墊折見方共單長捌百肆拾伍丈用
秫秸肆萬貳千貳百伍拾束用銀叁百
叁拾捌兩加長叁丈徑柒寸簽樁拾肆
根每根連運價銀伍錢伍分用銀柒兩
柒錢加長貳丈伍尺徑陸寸簽樁貳拾根
每根連運價銀肆錢伍分用銀玖兩催
夫壹千陸百玖拾名用銀陸拾柒兩陸錢
共用銀肆百貳拾貳兩叁錢

以上搶修廂墊工程併加簽樁共用銀肆百貳拾

貳兩叁錢

以上貳案搶修廂墊工程併加簽樁共用銀柒百陸拾

柒兩捌錢

以上北岸肆汛搶修廂墊工程併加簽樁共用銀叁千陸

百玖拾陸兩捌錢伍分查北岸頭工上中下汛貳工上下

汛叁工肆工上汛採辦秫秸

奏准每束加添運脚銀貳厘伍毫該上叁汛計用秫秸

貳拾叁萬柒千伍百束用銀伍百玖拾叁兩柒錢

伍分

前件各段廂墊工程寬長丈尺並修墊層數均照沖塌

丈尺層數修墊每層係高壹尺其柴束不能

合縫之處俱運土築實合併聲明

北岸通判屬

北岸伍工永清縣縣丞

一領銀玖百叁拾貳兩伍錢

第伍號隄長壹百捌拾丈頂寬叁丈捌尺底寬拾叁丈高壹丈捌尺

第壹段

廂墊拾捌層寬壹丈貳尺長伍丈折見方每層長陸丈拾

捌層共單長壹百零捌丈

加長貳丈伍尺徑陸寸簽樁伍根

第貳段

廂墊貳拾層寬壹丈貳尺伍寸長伍丈折見方每層長陸

丈貳尺伍寸貳拾層共單長壹百貳拾伍丈

加長叁丈徑柒寸簽樁貳根

加長貳丈伍尺徑陸寸簽樁叁根

第叁段

廂墊貳拾貳層寬壹丈貳尺長伍丈折見方每層長陸

丈貳拾貳層共單長壹百叁拾貳丈

加長叁丈徑柒寸簽樁壹根

加長貳丈伍尺徑陸寸簽樁肆根

第肆段

廂埽貳拾層寬壹丈叁尺長伍丈伍尺折見方每層長柒丈壹尺伍寸貳拾層共單長壹百肆拾叁丈

加長叁丈徑柒寸簽樁壹根

加長貳丈伍尺徑陸寸簽樁伍根

第伍段

廂埽貳拾層寬壹丈叁尺伍寸長伍丈柒尺折見方每層長柒丈陸尺玖寸伍分貳拾層共單長壹百伍拾叁丈玖尺

加長叁丈徑柒寸簽樁壹根

加長貳丈伍尺徑陸寸簽樁伍根

第陸段

廂埽貳拾肆層寬壹丈叁尺長叁丈折見方每層長叁丈玖尺貳拾肆層共單長玖拾叁丈陸尺

加長叁丈徑柒寸簽樁壹根

加長貳丈伍尺徑陸寸簽樁貳根

每廂墊壹層寬壹丈長壹丈用

秫秸伍拾束 每束連運價 銀捌厘

催夫貳名每名工價銀肆分

以上廂墊折見方共單長柒百伍拾伍丈伍尺用秫秸 叁萬柒千柒百柒拾伍束用銀叁百零貳兩貳錢加長叁丈徑柒寸簽樁陸根每根連運價銀伍錢伍分用銀叁兩叁錢加長貳丈伍尺徑陸寸簽樁貳拾肆根每根連運價銀肆錢伍分用銀拾兩零捌錢催夫壹千伍百 拾壹名 用銀陸拾兩零肆錢肆分

共用銀叁百柒拾陸兩柒錢肆分

以上搶修廂墊工程併加簽樁共用銀叁百柒拾陸兩柒錢肆分

第伍號

第柒段

廂墊拾陸層寬壹丈貳尺伍寸長伍丈折見方每層長
陸丈貳尺伍寸拾陸層共單長壹百丈

加長貳丈伍尺徑陸寸簽樁伍根

第捌段

廂墊拾柒層寬壹丈叁尺長伍丈折見方每層長陸丈
伍尺拾柒層共單長壹百壹拾丈零伍尺

加長貳丈伍尺徑陸寸簽樁伍根

第玖段

廂墊貳拾壹層寬壹丈叁尺長伍丈折見方每層陸丈
伍尺貳拾壹層共單長壹百叁拾陸丈伍尺

加長叁丈徑柒寸簽樁貳根

加長貳丈伍尺徑陸寸簽樁叁根

第拾段

廂墊貳拾層寬壹丈叁尺伍寸長伍丈折見方每層
長陸丈柒尺伍寸貳拾層共單長壹百叁拾伍丈

第拾壹段

加長貳丈伍尺徑陸寸簽樁伍根

廂墊貳拾層寬壹丈貳尺長伍丈折見方每層長陸

丈貳拾層共單長壹百貳拾丈

加長貳丈伍尺徑陸寸簽樁伍根

第拾貳段

廂墊貳拾貳層寬壹丈叁尺長伍丈折見方每層

長陸丈伍尺貳拾貳層共單長壹百肆拾叁丈

加長叁丈徑柒寸簽樁伍根

每廂墊壹層寬壹丈長壹丈用

秫秸伍拾束每束運價銀捌厘

僱夫貳名每名工價銀肆分

以上廂墊折見方共單長柒百肆拾伍丈用秫秸叁萬柒千

貳百伍拾束用銀貳百玖拾捌兩加長叁丈徑柒寸簽樁

柒根每根連運價銀伍錢伍分用銀叁兩捌錢伍分

加長貳丈伍尺徑陸寸簽樁貳拾叁根每根連運價銀肆
錢伍分用銀拾兩零叁錢伍分催夫壹千肆百玖拾名
用銀伍拾玖兩陸錢
共用銀叁百柒拾壹兩捌錢
以上搶修廂墊工程併加簽樁共用銀叁百柒拾壹兩捌錢

第伍號

第拾叁段

廂墊拾肆層寬壹丈貳尺長伍丈折見方每層長陸
丈拾肆層共单長捌拾肆丈
加長貳丈伍尺徑陸寸簽樁伍根

第拾肆段

廂墊拾叁層寬壹丈貳尺長伍丈折見方每層長陸
丈拾叁層共单長柒拾捌丈
加長貳丈伍尺徑陸寸簽樁伍根

第拾伍段

廂墊拾伍層寬壹丈貳尺長伍丈折見方每層

第拾陸段

長陸丈拾伍層共單長玖拾丈
加長貳丈伍尺徑陸寸簽樁伍根
廂墊拾捌層寬壹丈貳尺伍寸長伍丈折見方每
層長陸丈貳尺伍寸拾捌層共單長壹百壹拾
貳丈伍尺
加長貳丈伍尺徑陸寸簽樁伍根
每廂墊壹層寬壹丈長壹丈用
秫秸伍拾束每束連運價銀捌釐
僱夫貳名每名工價銀肆分
以上廂墊折見方共單長叁百陸拾肆丈伍尺用秫秸
壹萬捌千貳百貳拾伍束用銀壹百肆拾伍兩
捌錢加長貳丈伍尺~~簽樁~~經七寸簽樁貳拾根每根連
運價銀肆錢伍分用銀玖兩僱夫柒百貳拾玖名

用銀貳拾玖兩壹錢陸分

共用銀壹百捌拾叁兩玖錢陸分

以上搶修廂墊工程併加簽樁共用銀壹百捌拾叁兩玖錢陸分

以上叁案搶修廂墊工程併加簽樁共用銀玖百叁拾貳兩伍錢

北岸陸工霸州州判

一領銀柒百叁拾貳兩伍錢

第捌號隄長壹百捌拾丈頂寬肆丈底寬拾伍丈高貳丈壹尺伍寸

第拾叁段

廂墊拾伍層寬壹丈貳尺長伍丈折見方每層長

陸丈拾伍層共單長玖拾丈

加長叁丈徑柒寸簽樁貳根

加長貳丈伍尺徑陸寸簽樁叁根

第拾肆段

廂墊拾陸層寬壹丈貳尺長伍丈折見方每層長

陸丈拾陸層共單長玖拾陸丈

加長貳丈伍尺徑陸寸簽椿伍根

第拾伍段

廂埽拾柒層寬壹丈貳尺長伍丈折見方每層長
陸丈拾柒層共單長壹百零貳丈
加長叁丈徑柒寸簽椿貳根
加長貳丈伍尺徑陸寸簽椿叁根

第拾陸段

廂埽拾伍層寬壹丈貳尺長伍丈折見方每層長
陸丈拾伍層共單長玖拾丈
加長貳丈伍尺徑陸丈簽椿伍根

第拾柒段

廂埽拾陸層寬壹丈貳尺長伍丈折見方每層長
陸丈拾陸層共單長玖拾陸丈
加長叁丈徑柒寸簽椿伍根

第拾捌段

廂埽拾肆層寬壹丈貳尺長伍丈折見方每層長
陸丈拾肆層共單長捌拾肆丈

第拾玖段

加長叁丈徑柒寸簽樁貳根
加長貳丈伍尺徑陸寸簽樁叁根
廂墊拾叁層寬壹丈貳尺長伍丈折見方每層長
陸丈拾叁層共单長柒拾捌丈
加長叁丈徑柒寸簽樁壹根
加長貳丈伍尺徑陸寸簽樁肆根

第貳拾段

廂墊拾肆層寬壹丈貳尺長伍丈折見方每層長
陸丈拾肆層共单長捌拾肆丈
加長貳丈伍尺徑陸寸簽樁伍根
每廂墊壹層寬壹丈長壹丈用
秫秸伍拾束每束連運價銀捌厘
僱夫貳名每名工價銀肆分
以上廂墊折見方共单長柒百貳拾丈用秫秸叁萬陸千束

用銀貳百捌拾捌兩加長叁丈徑七寸簽樁拾貳根每根
連運價銀伍錢伍分用銀陸兩陸錢加長貳丈伍尺徑陸寸
簽樁貳拾捌根每根連運價銀肆錢伍分用銀拾
貳兩陸錢僱夫壹千肆百肆拾名用銀伍拾柒兩
陸錢

共用銀叁百陸拾肆兩捌錢

以上搶修廂埽工程併加簽樁共用銀叁百陸拾肆兩捌錢

第捌號

第貳拾壹段

廂埽拾柒層寬壹丈貳尺長伍丈折見方每層長
陸丈拾柒層共單長壹百零貳丈

加長貳丈伍尺徑陸寸簽樁伍根

第貳拾貳段

廂埽拾捌層寬壹丈貳尺長伍丈折見方每層長
陸丈拾捌層共單長壹百零捌丈

加長貳丈伍尺徑陸寸簽樁伍根

第貳拾叁段

廂墊拾陸層寬壹丈貳尺長伍丈折見方每層長
陸丈拾陸層共单長玖拾陸丈
加長貳丈伍尺徑陸寸簽樁伍根

第貳拾肆段

廂墊拾捌層寬壹丈貳尺長伍丈折見方每層長
陸丈拾捌層共单長壹百零捌丈
加長貳丈伍尺徑陸寸簽樁伍根

第貳拾伍段 挑水壩

廂墊貳拾層寬壹丈零伍寸長肆丈折見方每層
長肆丈貳尺貳拾層共单長捌拾肆丈
加長叁丈徑柒寸簽樁肆根

第貳拾陸段 挑水壩

廂墊拾玖層寬壹丈壹尺伍寸長肆丈折見方每
層長肆丈陸尺拾玖層共单長捌拾柒丈肆尺
加長叁丈徑柒寸簽樁叁根

加長貳丈伍尺徑陸寸簽樁壹根

第貳拾柒段 桃水垻

廂墊拾捌層寬壹丈零伍寸長肆丈折見方每層
長肆丈貳尺拾捌層共單長柒拾伍丈陸尺
加長叁丈徑柒寸簽樁貳根
加長貳丈伍尺徑陸寸簽樁貳根

第貳拾捌段 桃水垻

廂墊拾伍層寬壹丈壹尺伍寸長肆丈折見方每
層長肆丈陸尺拾伍層共單長陸拾玖丈
加長叁丈徑柒寸簽樁貳根
加長貳丈伍尺徑陸寸簽樁貳根
每廂墊壹層寬壹丈長壹丈用
秫秸伍拾束每束連運價銀捌釐
雇夫貳名每名工價銀肆分
以上廂墊折見方共單長柒百叁拾丈用秫秸叁萬

陸千伍百束用銀貳百玖拾貳兩加長叁丈徑柒寸簽
樁拾壹根每根連運價銀伍錢伍分用銀陸兩零伍
分加長貳丈伍尺徑陸寸簽樁貳拾伍根每根連運價
銀肆錢伍分用銀拾壹兩貳錢伍分僱夫壹千肆百
陸拾名用銀伍拾捌兩肆錢

共用銀叁百陸拾柒兩柒錢

以上搶修廂墊工程併加簽樁共用銀叁百陸拾柒兩柒錢

以上貳案搶修廂墊工程併加簽樁共用銀柒百叁拾貳兩伍錢

以上北岸貳汛搶修廂墊工程併加簽樁共用銀壹千陸百陸拾伍兩

以上北岸各汛搶修廂墊工程併加簽樁共用銀壹萬零捌百柒拾伍兩

查北岸頭工上中下汛貳工上下汛叁工肆工上汛採辦秫秸
奏准每束加添運腳銀貳釐伍毫該柒汛計用秫秸柒拾柒萬
伍千束用運腳銀壹千玖百叁拾柒兩伍錢

前件各段廂埽工程寬長丈尺並修埽層數均照沖塌丈尺
層數修埽每層係高壹尺其柴束不能合縫之處
俱運土築實合併聲明

光緒貳拾捌年拾貳月拾陸日

查勘永定河下口與清河交滙處所有堵截本河正溜土埧暨廢土堆成高埝情形圖說

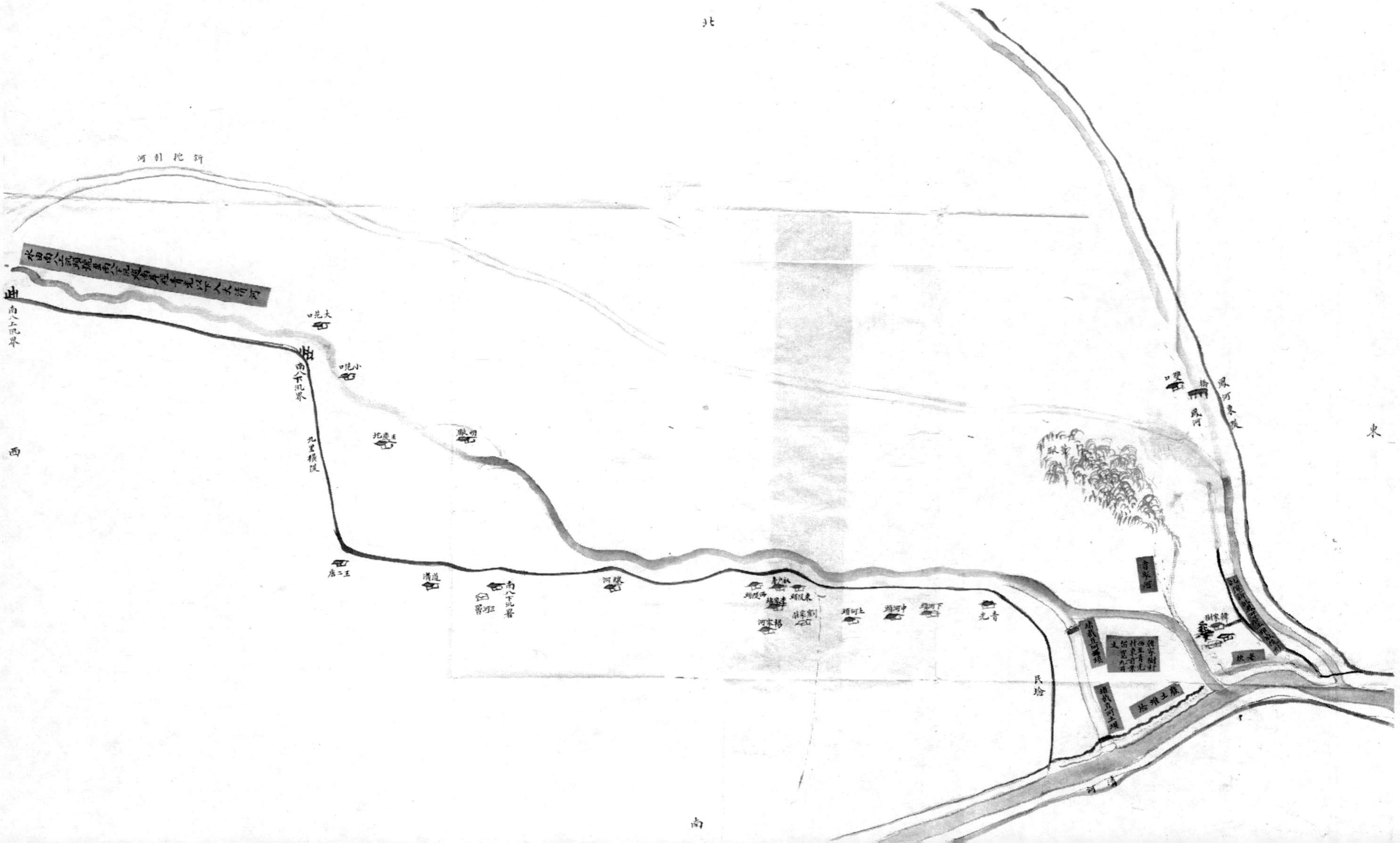
北
南
東
西
新挖引河
清河

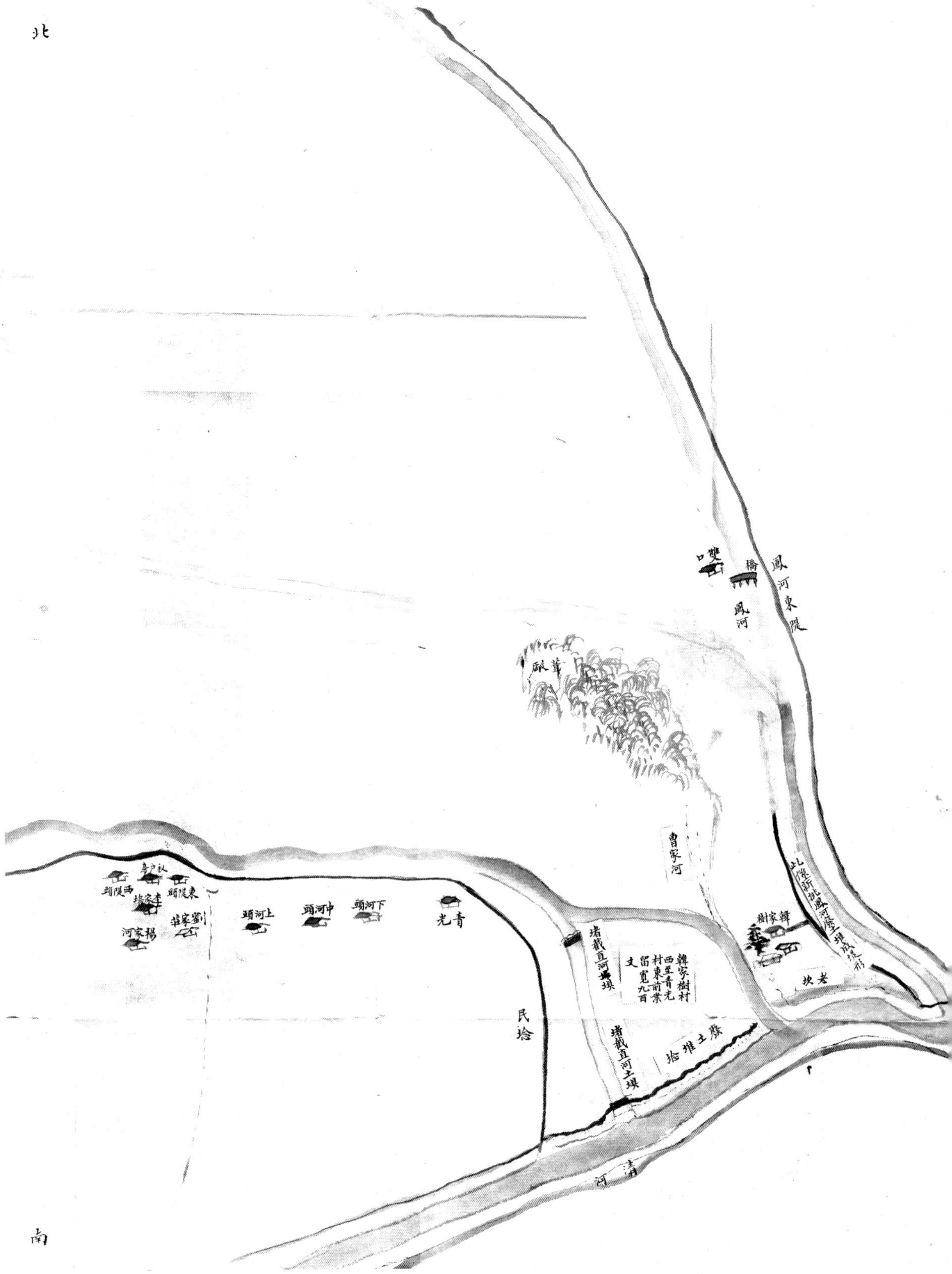
北
南
鳳河東隄
雙口
橋
鳳河
葦甸
曹家河
此係新挑鳳河淤土堆成堤形
韓家樹
老坎
韓家樹村西至青光村東前業留寬九百丈
堵截直河埽壩
堵截直河土壩
廢土堆埝
民埝
清河
青光
下河頭
中河頭
上河頭
劉家莊
東隄頭
西隄頭
李家塲
楊家河

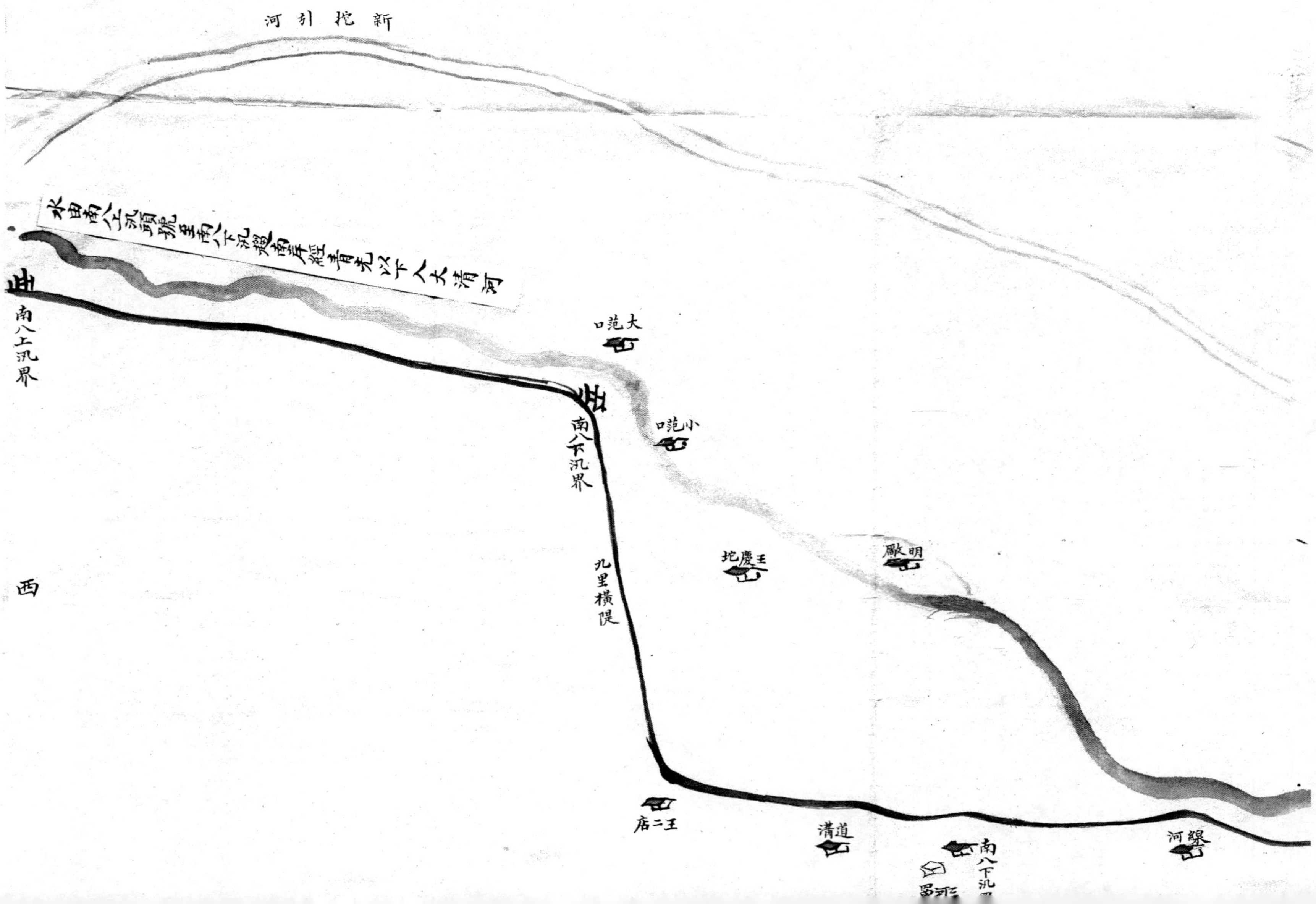
新挖引河
水由南八上汛頭號至南八下汛趨南岸經青光以下入大清河
南八上汛界
西
大范口
南八下汛界
小范口
九里橫隄
王慶坨
王二店
南八下汛

校對

永定河南岸修工冊

南岸同知程鴻賓
三角淀通判吳鳴皋
呈今將南岸各汛做過光緒貳拾柒年歲修廂墊工程添加簽樁需用工料銀兩
數目理合彙造銷冊呈送須至冊者

計呈

南岸同知屬

南岸頭工上汛霸州州同

一領銀捌百肆拾陸兩壹錢陸分

又領加添秫秸運脚銀貳百伍拾壹兩玖錢貳分伍厘

第拾肆號隄長壹百捌拾丈頂寬貳丈伍尺底寬柒丈伍尺高捌尺

貳月分

第壹段　廂墊伍層寬壹丈貳尺長伍丈折見方每層長

陸丈伍層共單長叁拾丈

加長貳丈伍尺徑陸寸簽樁貳根

第貳段　廂墊陸層寬壹丈貳尺長伍丈折見方每層長

陸丈陸層共單長叁拾陸丈

加長貳丈伍尺徑陸寸簽樁貳根

第叁段　廂墊肆層寬壹丈貳尺長伍丈折見方每層長

陸丈肆層共單長貳拾肆丈

加長貳丈伍尺徑陸寸簽樁壹根

第肆段　廂墊伍層寬壹丈肆尺長伍丈貳尺折見方每層長

柒丈貳尺捌寸伍層共單長叁拾陸丈肆尺

加長貳丈伍尺徑陸寸簽樁貳根

第伍段　廂墊陸層寬壹丈貳尺長伍丈折見方每層長

陸丈陸層共單長叁拾陸丈

加長貳丈伍尺徑陸寸簽樁貳根

第陸段　廂墊肆層寬壹丈貳尺長伍丈折見方每層長

陸丈肆層共單長貳拾肆丈

加長貳丈伍尺徑陸寸簽樁壹根

第柒段

廂墊伍層寬壹丈叁尺長伍丈折見方每層長

陸丈伍尺伍層共单長叁拾貳丈伍尺

加長貳丈伍尺徑陸寸簽樁貳根

第捌段

廂墊伍層寬壹丈貳尺長肆丈肆尺折見方每層長

伍丈貳尺捌寸伍層共单長貳拾陸丈肆尺

加長貳丈伍尺徑陸寸簽樁壹根

第玖段

廂墊伍層寬壹丈貳尺長肆丈肆尺折見方每層長

伍丈貳尺捌寸伍層共单長貳拾陸丈肆尺

加長貳丈伍尺徑陸寸簽樁貳根

第拾段

廂墊伍層寬壹丈貳尺長伍丈折見方每層長

陸丈伍層共单長叁拾丈

加長貳丈伍尺徑陸寸簽樁壹根

第拾壹段

廂墊伍層寬壹丈貳尺伍寸長伍丈折見方每層長
陸丈貳尺伍寸伍層共單長叁拾壹丈貳尺伍寸
加長貳丈伍尺徑陸寸簽樁壹根

第拾貳段

廂墊伍層寬壹丈貳尺長伍丈肆尺折見方每層長
陸丈肆尺捌寸伍層共單長叁拾貳丈肆尺
加長貳丈伍尺徑陸寸簽樁貳根

第拾叁段

廂墊伍層寬壹丈貳尺長伍丈貳尺折見方每層長
陸丈貳尺肆寸伍層共單長叁拾壹丈貳尺
加長貳丈伍尺徑陸寸簽樁壹根

第拾肆段

廂墊伍層寬壹丈叁尺長伍丈伍尺折見方每層長
柒丈壹尺伍寸伍層共單長叁拾伍丈柒尺伍寸
加長叁丈徑柒寸簽樁貳根

第拾伍段

廂墊伍層寬壹丈貳尺伍寸長伍丈肆尺折見方每層長

陸丈柒尺伍寸伍層共单長叁拾叁丈柒尺伍寸
加長貳丈伍尺徑陸寸簽樁壹根

第拾陸段

廂墊伍層寬壹丈貳尺伍寸長伍丈貳尺折見方每層長
陸丈伍尺伍層共单長叁拾貳丈伍尺
加長貳丈伍尺徑陸寸簽樁壹根

第拾柒段

廂墊伍層寬壹丈貳尺伍寸長肆丈柒尺折見方每層長
伍丈捌尺柒寸伍分伍層共单長貳拾玖丈叁尺柒寸伍分
加長貳丈伍尺徑陸寸簽樁壹根

第拾捌段

廂墊伍層寬壹丈伍尺伍寸長伍丈折見方每層長
柒丈柒尺伍寸伍層共单長叁拾捌丈柒尺伍寸
加長貳丈伍尺徑陸寸簽樁貳根

第拾玖段

廂墊伍層寬壹丈陸尺伍寸長伍丈壹尺折見方每層長
捌丈肆尺壹寸伍分伍層共单長肆拾貳丈零柒寸伍分

第貳拾段

加長貳丈伍尺徑陸寸簽樁貳根

廂墊伍層寬壹丈叄尺伍寸長伍丈折見方每層長陸丈柒尺伍寸伍層共單長叄拾叄丈柒尺伍寸

第貳拾壹段

加長貳丈伍尺徑陸寸簽樁壹根

廂墊伍層寬壹丈肆尺伍寸長伍丈折見方每層長柒丈貳尺伍寸伍層共單長叄拾陸丈貳尺伍寸

第貳拾貳段

加長貳丈伍尺徑陸寸簽樁壹根

廂墊伍層寬壹丈玖尺長伍丈折見方每層長玖丈伍尺伍層共單長肆拾柒丈伍尺

第貳拾叄段

加長貳丈伍尺徑陸寸簽樁壹根

廂墊伍層寬壹丈叄尺長叄丈玖尺折見方每層長伍丈零柒寸伍層共單長貳拾伍丈叄尺伍寸

加長貳丈伍尺徑陸寸簽樁壹根

第貳拾肆段

廂墊伍層寬壹丈叁尺長肆丈壹尺折見方每層長
伍丈叁尺叁寸伍層共單長貳拾陸丈陸尺伍寸
加長貳丈伍尺徑陸寸簽樁壹根

第貳拾伍段

廂墊伍層寬壹丈貳尺長伍丈折見方每層長
陸丈伍層共單長叁拾丈
加長貳丈伍尺徑陸寸簽樁壹根

第貳拾陸段

廂墊伍層寬壹丈壹尺長肆丈玖尺折見方每層長
伍丈叁尺玖寸伍層共單長貳拾陸丈玖尺伍寸
加長貳丈伍尺徑陸寸簽樁壹根

第貳拾柒段

廂墊伍層寬壹丈壹尺伍寸長伍丈貳尺折見方每層長
伍丈玖尺捌寸伍層共單長貳拾玖丈玖尺
加長叁丈徑柒寸簽樁壹根

第貳拾捌段

廂墊伍層寬壹丈叁尺長肆丈捌尺折見方每層長

陸丈貳尺肆寸伍層共單長叁拾壹丈貳尺
加長貳丈伍尺徑陸寸簽樁壹根

第貳拾玖段

廂墊伍層寬壹丈貳尺長叁丈叁尺折見方每層長
叁丈玖尺陸寸伍層共單長拾玖丈捌尺
加長貳丈伍尺徑陸寸簽樁壹根

第叁拾段

廂墊伍層寬壹丈貳尺長叁丈伍尺折見方每層長
肆丈貳尺伍層共單長貳拾壹丈
加長貳丈伍尺徑陸寸簽樁壹根

第叁拾壹段

廂墊伍層寬壹丈壹尺長叁丈肆尺折見方每層長
叁丈柒尺肆寸伍層共單長拾捌丈柒尺
加長貳丈伍尺徑陸寸簽樁壹根

第叁拾貳段

廂墊陸層寬壹丈貳尺長伍丈折見方每層長
陸丈陸層共單長叁拾陸丈

第叁拾叁段

加長貳丈伍尺徑陸寸簽樁壹根

廂墊伍層寬壹丈貳尺長伍丈壹尺折見方每層長

陸丈壹尺貳寸伍層共单長叁拾丈零陸尺

加長貳丈伍尺徑陸寸簽樁壹根

第叁拾肆段

廂墊伍層寬壹丈貳尺長伍丈折見方每層長

陸丈伍層共单長叁拾丈

加長貳丈伍尺徑陸寸簽樁壹根

第叁拾伍段

廂墊肆層寬壹丈貳尺長伍丈折見方每層長

陸丈肆層共单長貳拾肆丈

加長貳丈伍尺徑陸寸簽樁壹根

第拾伍號隄長壹百捌拾丈頂寬貳丈伍尺底寬柒丈伍尺高捌尺

肆月分

第壹段

廂墊伍層寬壹丈壹尺長伍丈叁尺折見方每層長

伍丈捌尺叁寸伍層共单長貳拾玖丈壹尺伍寸

加長貳丈伍尺徑陸寸簽樁貳根

第貳段

廂墊伍層寬壹丈長肆丈折見方每層長
肆丈伍層共单長貳拾丈
加長貳丈伍尺徑陸寸簽樁壹根

第叁段

廂墊伍層寬壹丈壹尺長叁丈伍尺折見方每層長
叁丈捌尺伍寸伍層共单長拾玖丈貳尺伍寸
加長貳丈伍尺徑陸寸簽樁壹根

第肆段

廂墊陸層寬壹丈貳尺長伍丈折見方每層長
陸丈陸層共单長叁拾陸丈
加長貳丈伍尺徑陸寸簽樁貳根

第伍段

廂墊伍層寬壹丈貳尺長肆丈折見方每層長
肆丈捌尺伍層共单長貳拾肆丈
加長貳丈伍尺徑陸寸簽樁壹根

第陸段

廂墊伍層寬壹丈肆尺長肆丈柒尺折見方每層長
陸丈伍尺捌寸伍層共单長叁拾貳丈玖尺
加長貳丈伍尺徑陸寸簽樁壹根

第柒段

廂墊肆層寬壹丈貳尺長伍丈折見方每層長
陸丈肆層共单長貳拾肆丈
加長貳丈伍尺徑陸寸簽樁壹根

第捌段

廂墊肆層寬壹丈貳尺長肆丈伍尺折見方每層長
伍丈肆尺肆層共单長貳拾壹丈陸尺
加長貳丈伍尺徑陸寸簽樁壹根

第玖段

廂墊伍層寬壹丈貳尺長肆丈肆尺折見方每層長
伍丈貳尺捌寸伍層共单長貳拾陸丈肆尺
加長貳丈伍尺徑陸寸簽樁壹根

第拾段

廂墊陸層寬壹丈貳尺長肆丈伍尺折見方每層長

伍丈肆尺陸層共单長叁拾貳丈肆尺
加長貳丈伍尺徑陸寸簽樁壹根

第拾壹段

廂墊伍層寬壹丈貳尺長肆丈折見方每層長
肆丈捌尺伍層共单長貳拾肆丈
加長貳丈伍尺徑陸寸簽樁壹根

第拾貳段

廂墊伍層寬壹丈長肆丈貳尺折見方每層長
肆丈貳尺伍層共单長貳拾壹丈
加長貳丈伍尺徑陸寸簽樁壹根

第拾叁段

廂墊伍層寬柒尺長伍丈叁尺折見方每層長
叁丈柒尺壹寸伍層共单長拾捌丈伍尺伍寸
加長貳丈伍尺徑陸寸簽樁壹根

第拾肆段

廂墊伍層寬壹丈零伍寸長伍丈折見方每層長
伍丈貳尺伍寸伍層共单長貳拾陸丈貳尺伍寸

第拾伍段

加長叁丈徑柒寸簽樁壹根
廂墊伍層寬壹丈貳尺長伍丈伍尺折見方每層長
陸丈陸尺伍層共單長叁拾叁丈

第拾陸段

加長貳丈伍尺徑陸寸簽樁壹根
廂墊伍層寬壹丈貳尺長陸丈叁尺折見方每層長
柒丈伍尺陸寸伍層共單長叁拾柒丈捌尺

第拾柒段

加長貳丈伍尺徑陸寸簽樁叁根
廂墊伍層寬壹丈貳尺長伍丈折見方每層長
陸丈伍層共單長叁拾丈

第拾捌段

加長貳丈伍尺徑陸寸簽樁壹根
廂墊伍層寬壹丈壹尺長伍丈壹尺折見方每層長
伍丈陸尺壹寸伍層共單長貳拾捌丈零伍寸
加長貳丈伍尺徑陸寸簽樁壹根

第拾玖段　廂墊伍層寬壹丈壹尺長肆丈壹尺折見方每層長
肆丈伍尺壹寸伍層共單長貳拾貳丈伍尺伍寸
加長貳丈伍尺徑陸寸簽樁壹根

第貳拾段　廂墊伍層寬壹丈長陸丈柒尺折見方每層長
陸丈柒尺伍層共單長叁拾叁丈伍尺
加長貳丈伍尺徑陸寸簽樁壹根

第貳拾壹段　廂墊伍層寬玖尺長陸丈折見方每層長
伍丈肆尺伍層共單長貳拾柒丈
加長貳丈伍尺徑陸寸簽樁叁根

第貳拾貳段　廂墊伍層寬壹丈壹尺長伍丈肆尺折見方每層長
伍丈玖尺肆寸伍層共單長貳拾玖丈柒尺
加長貳丈伍尺徑陸寸簽樁壹根

第貳拾叁段　廂墊伍層寬壹丈壹尺長貳丈陸尺折見方每層長

貳丈捌尺陸寸伍層共單長拾肆丈叁尺
加長貳丈伍尺徑陸寸簽樁壹根

第貳拾肆段

廂埽伍層寬壹丈壹尺長貳丈柒尺折見方每層長
貳丈玖尺柒寸伍層共單長拾肆丈捌尺伍寸
加長貳丈伍尺徑陸寸簽樁壹根

第貳拾伍段

廂埽伍層寬壹丈壹尺長肆丈玖尺折見方每層長
伍丈叁尺玖寸伍層共單長貳拾陸丈玖尺伍寸
加長貳丈伍尺徑陸寸簽樁壹根

第貳拾陸段

廂埽伍層寬壹丈貳尺長伍丈折見方每層長
陸丈伍層共單長叁拾丈
加長貳丈伍尺徑陸寸簽樁壹根

第貳拾柒段

廂埽伍層寬壹丈貳尺長陸丈折見方每層長
柒丈貳尺伍層共單長叁拾陸丈

加長貳丈伍尺徑陸寸簽椿貳根

第貳拾捌段

廂墊伍層寬壹丈陸尺伍寸長伍丈壹尺折見方每層長
捌丈肆尺壹寸伍分伍層共單長肆拾貳丈零柒寸伍分

加長貳丈伍尺徑陸寸簽椿貳根

第貳拾玖段

廂墊伍層寬壹丈壹尺伍寸長肆丈捌尺折見方每層長
伍丈伍尺貳寸伍層共單長貳拾柒丈陸尺

加長貳丈伍尺徑陸寸簽椿壹根

第叁拾段

廂墊伍層寬壹丈壹尺伍寸長伍丈貳尺折見方每層長
伍丈玖尺捌寸伍層共單長貳拾玖丈玖尺

加長貳丈伍尺徑陸寸簽椿壹根

第叁拾壹段

廂墊伍層寬壹丈貳尺長伍丈叁尺折見方每層長
陸丈叁尺陸寸伍層共單長叁拾壹丈捌尺

加長貳丈伍尺徑陸寸簽椿壹根

第叁拾貳段

廂墊伍層寬壹丈壹尺伍每長叁丈玖尺折見方每層長

肆丈肆尺捌寸伍分伍層共單長貳拾貳丈肆尺貳寸伍分

加長貳丈伍尺徑陸寸簽樁壹根

第叁拾叁段

廂墊陸層寬壹丈壹尺長肆丈折見方每層長

肆丈肆尺陸層共單長貳拾陸丈肆尺

加長貳丈伍尺徑陸寸簽樁壹根

第叁拾肆段

廂墊伍層寬壹丈壹尺長肆丈折見方每層長

肆丈肆尺伍層共單長貳拾貳丈

加長貳丈伍尺徑陸寸簽樁壹根

第叁拾伍段

廂墊肆層寬壹丈壹尺長肆丈折見方每層長

肆丈肆尺肆層共單長拾柒丈陸尺

加長貳丈伍尺徑陸寸簽樁壹根

每廂墊壹層寬壹丈長壹丈用

秫秸伍拾束每束連運價銀捌厘
夫貳名係河兵力作不開價
以上廂墊折見方共單長貳千零壹拾伍丈肆尺用
秫秸拾萬零柒百柒拾束該銀捌百零陸兩
壹錢陸分加長叁丈徑柒寸樁木肆根每根連
運價銀伍錢伍分該銀貳兩貳錢加長貳丈伍
尺徑陸寸樁木捌拾肆根每根連運價銀肆錢
伍分該銀叁拾柒兩捌錢
共用銀捌百肆拾陸兩壹錢陸分
以上歲修廂墊工程併加簽樁共用銀捌百肆拾陸兩
壹錢陸分查南岸工下頭貳叁工採辦秫秸
奏准每束加添運腳銀貳厘伍毫該工計用秫秸
拾萬零柒百柒拾束用運腳銀貳百伍拾壹兩玖

錢貳分伍厘

南岸頭工下汛宛平縣縣丞

一領銀壹千貳百伍拾陸兩壹錢肆分

又領加添秫秸運腳銀叁百柒拾叁兩柒錢玖分叁厘柒毫伍絲

第玖號隄長壹百捌拾丈頂寬叁丈底寬捌丈高壹丈

第壹段　廂墊捌層寬壹丈玖尺長伍丈折見方每層長

玖丈伍尺捌層共單長柒拾陸丈

加長叁丈徑柒寸簽樁貳根

第貳段　廂墊捌層寬壹丈玖尺長伍丈折見方每層長

玖丈伍尺捌層共單長柒拾陸丈

加長貳丈伍尺徑陸寸簽樁貳根

第叁段　廂墊柒層寬壹丈捌尺長伍丈折見方每層長

玖丈柒層共單長陸拾叁丈

貳月分

加長貳丈伍尺徑陸寸簽樁壹根

第肆段

廂墊陸層寬壹丈捌尺長伍丈折見方每層長
玖丈陸層共单長伍拾肆丈
加長叁丈徑柒寸簽樁壹根

第伍段

廂墊伍層寬壹丈捌尺長伍丈壹尺折見方每層長
玖丈壹尺捌寸伍層共单長肆拾伍丈玖尺
加長叁丈徑柒寸簽樁貳根

第陸段

廂墊伍層寬壹丈陸尺伍寸長伍丈折見方每層長
捌丈貳尺伍寸伍層共单長肆拾壹丈貳尺伍寸
加長貳丈伍尺徑陸寸簽樁貳根

第柒段

廂墊伍層寬壹丈陸尺長伍丈折見方每層長
捌丈伍層共单長肆拾丈
加長貳丈伍尺徑陸寸簽樁壹根

第捌段

廂墊伍層寬壹丈陸尺伍寸長伍丈折見方每層長
捌丈貳尺伍寸伍層共單長肆拾壹丈貳尺伍寸
加長貳丈伍尺徑陸寸簽樁貳根

第玖段

廂墊伍層寬壹丈伍尺伍寸長伍丈折見方每層長
柒丈柒尺伍寸伍層共單長叁拾捌丈柒尺伍寸
加長貳丈伍尺徑陸寸簽樁貳根

第拾段

廂墊陸層寬壹丈叁尺長伍丈折見方每層長
陸丈伍尺陸層共單長叁拾玖丈
加長貳丈伍尺徑陸寸簽樁壹根

第拾壹段

廂墊伍層寬壹丈叁尺長伍丈折見方每層長陸
丈伍尺伍層共單長叁拾貳丈伍尺
加長貳丈伍尺徑陸寸簽樁壹根

第拾貳段

廂墊伍層寬壹丈貳尺伍寸長伍丈折見方每層長

陸丈貳尺伍寸伍層共单長叁拾壹丈貳尺伍寸

加長貳丈伍尺徑陸寸簽樁壹根

第拾叁段

廂墊伍層寬壹丈貳尺伍寸長伍丈折見方每層長

陸丈貳尺伍寸伍層共单長叁拾壹丈貳尺伍寸

加長貳丈伍尺徑陸寸簽樁壹根

第拾肆段

廂墊肆層寬壹丈叁尺長伍丈折見方每層長

陸丈伍尺肆層共单長貳拾陸丈

加長貳丈伍尺徑陸寸簽樁壹根

第拾伍段

廂墊伍層寬壹丈貳尺長肆丈陸尺折見方每層長

伍丈伍尺貳寸伍層共单長貳拾柒丈陸尺

加長叁丈徑柒寸簽樁壹根

第拾陸段

廂墊陸層寬壹丈壹尺長伍丈折見方每層長

伍丈伍尺陸層共单長叁拾叁丈

加長貳丈伍尺徑陸寸簽樁貳根

第拾柒段

廂墊陸層寬壹丈壹尺長伍丈折見方每層長
伍丈伍尺陸層共單長叁拾叁丈
加長貳丈伍尺徑陸寸簽樁壹根

第拾捌段

廂墊伍層寬壹丈壹尺長伍丈折見方每層長
伍丈伍尺伍層共單長貳拾柒丈伍尺
加長貳丈伍尺徑陸寸簽樁壹根

第拾玖段

廂墊肆層寬壹丈壹尺長伍丈折見方每層長
伍丈伍尺肆層共單長貳拾貳丈
加長叁丈徑柒寸簽樁壹根

第貳拾段

廂墊肆層寬壹丈壹尺長伍丈折見方每層長
伍丈伍尺肆層共單長貳拾貳丈
加長貳丈伍尺徑陸寸簽樁壹根

第貳拾壹段

廂墊伍層寬壹丈叁尺伍寸長伍丈折見方每層長
陸丈柒尺伍寸伍層共单長叁拾叁丈柒尺伍寸
加長貳丈伍尺徑陸寸簽樁貳根

第貳拾貳段

廂墊伍層寬壹丈叁尺長伍丈折見方每層長
陸丈伍尺伍層共单長叁拾貳丈伍尺
加長貳丈伍尺徑陸寸簽樁壹根

第貳拾叁段

廂墊伍層寬壹丈叁尺長伍丈折見方每層長
陸丈伍尺伍層共单長叁拾貳丈伍尺
加長貳丈伍尺徑陸寸簽樁壹根

第貳拾肆段

廂墊陸層寬壹丈貳尺長伍丈折見方每層長
陸丈陸層共单長叁拾陸丈
加長貳丈伍尺徑陸寸簽樁貳根

第貳拾伍段

廂墊陸層寬壹丈貳尺長伍丈折見方每層長

陸丈陸層共单長叁拾陸丈
加長貳丈伍尺徑陸寸簽樁壹根

第貳拾陸段

廂墊肆層寬壹丈貳尺長伍丈折見方每層長
陸丈肆層共单長貳拾肆丈
加長貳丈伍尺徑陸寸簽樁壹根

第貳拾柒段

廂墊伍層寬壹丈叁尺長伍丈折見方每層長
陸丈伍尺伍層共单長叁拾貳丈伍尺
加長叁丈徑柒寸簽樁貳根

第貳拾捌段

廂墊伍層寬壹丈叁尺長伍丈折見方每層長
陸丈伍尺伍層共单長叁拾貳丈伍尺
加長貳丈伍尺徑陸寸簽樁壹根

第貳拾玖段

廂墊陸層寬壹丈叁尺長伍丈折見方每層長
陸丈伍尺陸層共单長叁拾玖丈

第叁拾段

加長貳丈伍尺徑陸寸簽樁貳根

廂墊陸層寬壹丈叁尺長伍丈折見方每層長

陸丈伍尺陸層共单長叁拾玖丈

第叁拾壹段

加長貳丈伍尺徑陸寸簽樁壹根

廂墊伍層寬壹丈叁尺長伍丈折見方每層長

陸丈伍尺伍層共单長叁拾貳丈伍尺

第叁拾貳段

加長貳丈伍尺徑陸寸簽樁壹根

廂墊肆層寬壹丈叁尺長伍丈折見方每層長

陸丈伍尺肆層共单長貳拾陸丈

第叁拾叁段

加長貳丈伍尺徑陸寸簽樁壹根

廂墊肆層寬壹丈叁尺長伍丈折見方每層長

陸丈伍尺肆層共单長貳拾陸丈

加長貳丈伍尺徑陸寸簽樁壹根

第叁拾肆段

廂墊伍層寬壹丈叁尺伍寸長伍丈折見方每層長
陸丈柒尺伍寸伍層共單長叁拾叁丈柒尺伍寸
加長貳丈伍尺徑陸寸簽樁壹根

第叁拾伍段

廂墊伍層寬壹丈壹尺長伍丈折見方每層長
伍丈伍尺伍層共單長貳拾柒丈伍尺
加長貳丈伍尺徑陸寸簽樁貳根

第叁拾陸段

廂墊伍層寬壹丈叁尺長肆丈陸尺折見方每層長
伍丈玖尺捌寸伍層共單長貳拾玖丈玖尺
加長叁丈徑柒寸簽樁貳根

第拾號隄長壹百捌拾丈頂寬叁丈底寬玖丈高壹丈

第壹段

廂墊伍層寬壹丈壹尺長伍丈折見方每層長
伍丈伍尺伍層共單長貳拾柒丈伍尺
加長貳丈伍尺徑陸寸簽樁壹根

肆月分

第貳段　廂墊陸層寬壹丈壹尺長伍丈折見方每層長
伍丈伍尺陸層共單長叁拾叁丈
加長貳丈伍尺徑陸寸簽樁壹根

第叁段　廂墊陸層寬壹丈壹尺長伍丈折見方每層長
伍丈伍尺陸層共單長叁拾叁丈
加長貳丈伍尺徑陸寸簽樁壹根

第肆段　廂墊陸層寬壹丈壹尺長伍丈折見方每層長
伍丈伍尺陸層共單長叁拾叁丈
加長貳丈伍尺徑陸寸簽樁壹根

第伍段　廂墊肆層寬壹丈壹尺長伍丈折見方每層長
伍丈伍尺肆層共單長貳拾貳丈
加長貳丈伍尺徑陸寸簽樁壹根

第陸段　廂墊肆層寬壹丈壹尺長伍丈折見方每層長

伍丈伍尺肆層共单長貳拾貳丈

加長貳丈伍尺徑陸寸簽樁壹根

第柒段

廂墊伍層寬壹丈叁尺長伍丈折見方每層長

陸丈伍尺伍層共单長叁拾貳丈伍尺

加長貳丈伍尺徑陸寸簽樁貳根

第捌段

廂墊伍層寬壹丈叁尺長伍丈折見方每層長

陸丈伍尺伍層共单長叁拾貳丈伍尺

加長叁丈徑柒寸簽樁貳根

第玖段

廂墊伍層寬壹丈叁尺長伍丈折見方每層長

陸丈伍尺伍層共单長叁拾貳丈伍尺

加長貳丈伍尺徑陸寸簽樁壹根

第拾段

廂墊伍層寬壹丈叁尺長伍丈折見方每層長

陸丈伍尺伍層共单長叁拾貳丈伍尺

加長貳丈伍尺徑陸寸簽樁壹根

第拾壹段

廂墊伍層寬壹丈叁尺長伍丈折見方每層長
陸丈伍尺伍層共单長叁拾貳丈伍尺
加長貳丈伍尺徑陸寸簽樁壹根

第拾貳段

廂墊伍層寬壹丈叁尺長伍丈折見方每層長
陸丈伍尺伍層共单長叁拾貳丈伍尺
加長貳丈伍尺徑陸寸簽樁壹根

第拾叁段

廂墊陸層寬壹丈叁尺長伍丈折見方每層長
陸丈伍尺陸層共单長叁拾玖丈
加長貳丈伍尺徑陸寸簽樁貳根

第拾肆段

廂墊陸層寬壹丈叁尺長伍丈折見方每層長
陸丈伍尺陸層共单長叁拾玖丈
加長貳丈伍尺徑陸寸簽樁壹根

第拾伍段

廂墊陸層寬壹丈叁尺長伍丈折見方每層長
陸丈伍尺陸層共单長叁拾玖丈
加長貳丈伍尺徑陸寸簽樁壹根

第拾陸段

廂墊陸層寬壹丈叁尺長伍丈折見方每層長
陸丈伍尺陸層共单長叁拾玖丈
加長貳丈伍尺徑陸寸簽樁貳根

第拾柒段

廂墊伍層寬壹丈叁尺長伍丈折見方每層長
陸丈伍尺伍層共单長叁拾貳丈伍尺
加長貳丈伍尺徑陸寸簽樁壹根

第拾捌段

廂墊肆層寬壹丈叁尺長伍丈折見方每層長
陸丈伍尺肆層共单長貳拾陸丈
加長貳丈伍尺徑陸寸簽樁壹根

第拾玖段

廂墊肆層寬壹丈叁尺長伍丈折見方每層長

陸丈伍尺肆層共单長貳拾陸丈
加長貳丈伍尺徑陸寸簽椿壹根

第貳拾段

廂墊肆層寬壹丈叁尺長伍丈折見方每層長
陸丈伍尺肆層共单長貳拾陸丈
加長貳丈伍尺徑陸寸簽椿壹根

第貳拾壹段

廂墊肆層寬壹丈叁尺長伍丈折見方每層長
陸丈伍尺肆層共单長貳拾陸丈
加長貳丈伍尺徑陸寸簽椿壹根

第貳拾貳段

廂墊伍層寬壹丈叁尺長伍丈折見方每層長
陸丈伍尺伍層共单長叁拾貳丈伍尺
加長貳丈伍尺徑陸寸簽椿壹根

第貳拾叁段

廂墊伍層寬壹丈叁尺伍寸長伍丈折見方每層長
陸丈柒尺伍寸伍層共单長叁拾叁丈柒尺伍寸

加長叄丈徑柒寸簽樁壹根

第貳拾肆段

廂墊伍層寬壹丈叄尺長伍丈折見方每層長
陸丈伍尺伍層共單長叄拾貳丈伍尺
加長貳丈伍尺徑陸寸簽樁貳根

第貳拾伍段

廂墊伍層寬壹丈叄尺長伍丈折見方每層長
陸丈伍尺伍層共單長叄拾貳丈伍尺
加長貳丈伍尺徑陸寸簽樁壹根

第貳拾陸段

廂墊伍層寬壹丈貳尺長伍丈折見方每層長
陸丈伍層共單長叄拾丈
加長貳丈伍尺徑陸寸簽樁壹根

第貳拾柒段

廂墊伍層寬壹丈貳尺長伍丈折見方每層長
陸丈伍層共單長叄拾丈
加長貳丈伍尺徑陸寸簽樁壹根

第貳拾捌段

廂墊陸層寬壹丈叁尺長伍丈折見方每層長
陸丈伍尺陸層共单長叁拾玖丈
加長貳丈伍尺徑陸寸簽樁貳根

第貳拾玖段

廂墊伍層寬壹丈叁尺長伍丈折見方每層長
陸丈伍尺伍層共单長叁拾貳丈伍尺
加長貳丈伍尺徑陸寸簽樁壹根

第叁拾段

廂墊伍層寬壹丈叁尺長伍丈折見方每層長
陸丈伍尺伍層共单長叁拾貳丈伍尺
加長貳丈伍尺徑陸寸簽樁壹根

第叁拾壹段

廂墊肆層寬壹丈叁尺長伍丈折見方每層長
陸丈伍尺肆層共单長貳拾陸丈
加長貳丈伍尺徑陸寸簽樁壹根

第叁拾貳段

廂墊伍層寬壹丈貳尺長伍丈折見方每層長

陸丈伍層共單長叁拾丈

加長叁丈徑柒寸簽樁貳根

第叁拾叁段

廂墊伍層寬壹丈貳尺長伍丈折見方每層長

陸丈伍層共單長叁拾丈

加長貳丈伍尺徑陸寸簽樁貳根

第叁拾肆段

廂墊伍層寬壹丈壹尺長伍丈折見方每層長

伍丈伍尺伍層共單長貳拾柒丈伍尺

加長叁丈徑柒寸簽樁壹根

加長貳丈伍尺徑陸寸簽樁壹根

第叁拾伍段

廂墊肆層寬壹丈壹尺長伍丈折見方每層長

伍丈伍尺肆層共單長貳拾貳丈

加長貳丈伍尺徑陸寸簽樁壹根

第叁拾陸段

廂墊伍層寬壹丈壹尺長叁丈柒尺折見方每層長

肆丈零柒寸伍層共單長貳拾丈零叁尺伍寸
加長貳丈伍尺徑陸寸簽樁壹根

貳月分

第拾壹號堤長壹百捌拾丈頂寬叁丈貳尺底寬玖丈高壹丈

第壹段　廂墊伍層寬壹丈肆尺長柒丈折見方每層長
玖丈捌尺伍層共單長肆拾玖丈
加長叁丈徑柒寸簽樁叁根

第貳段　廂墊肆層寬壹丈叁尺長叁丈折見方每層長叁
丈玖尺肆層共單長拾伍丈陸尺
加長貳丈伍尺徑陸寸簽樁壹根

第叁段　廂墊柒層寬壹丈肆尺長伍丈折見方每層長
柒丈柒層共單長肆拾玖丈
加長叁丈徑柒寸簽樁貳根

第肆段　廂墊伍層寬壹丈叁尺長伍丈折見方每層長

陸丈伍尺伍層共单長叁拾貳丈伍尺
加長貳丈伍尺徑陸寸簽樁貳根

第伍段

廂墊伍層寬壹丈叁尺長伍丈折見方每層長
陸丈伍尺伍層共单長叁拾貳丈伍尺
加長貳丈伍尺徑陸寸簽樁壹根

第陸段

廂墊伍層寬壹丈貳尺長伍丈折見方每層長
陸丈伍層共单長叁拾丈
加長叁丈徑柒寸簽樁壹根

第柒段

廂墊伍層寬壹丈玖尺長伍丈伍尺折見方每層長
拾丈肆尺伍寸伍層共单長伍拾貳丈貳尺伍寸
加長貳丈伍尺徑陸寸簽樁叁根

第捌段

廂墊伍層寬壹丈玖尺長伍丈伍尺折見方每層長
拾丈肆尺伍寸伍層共单長伍拾貳丈貳尺伍寸

第玖段

加長貳丈伍尺徑陸寸簽樁叁根

廂墊伍層寬壹丈柒尺伍寸長伍丈伍尺折見方每層長
玖丈陸尺貳寸伍分伍層共單長肆拾捌丈壹尺貳寸伍分

第拾段

加長貳丈伍尺徑陸寸簽樁叁根

廂墊伍層寬壹丈柒尺伍寸長伍丈伍尺折見方每層長
玖丈陸尺貳寸伍分伍層共單長肆拾捌丈壹尺貳寸伍分

第拾壹段

加長貳丈伍尺徑陸寸簽樁叁根

廂墊伍層寬壹丈柒尺伍寸長伍丈折見方每層長
捌丈柒尺伍寸伍層共單長肆拾叁丈柒尺伍寸

第拾貳段

加長叁丈徑柒寸簽樁貳根

廂墊伍層寬壹丈柒尺伍寸長伍丈叁尺折見方每層長
玖丈貳尺柒寸伍分伍層共單長肆拾陸丈叁尺柒寸伍分

加長叁丈徑柒寸簽樁叁根

第拾叁段

廂墊伍層寬玖尺伍寸長肆丈伍尺折見方每層長
肆丈貳尺柒寸伍分伍層共單長貳拾壹丈叁尺柒寸伍分
加長叁丈徑柒寸簽樁貳根

第拾肆段

廂墊伍層寬壹丈零伍寸長肆丈折見方每層長
肆丈貳尺伍層共單長貳拾壹丈
加長叁丈徑柒寸簽樁壹根

第拾伍段

廂墊伍層寬壹丈壹尺長肆丈伍尺折見方每層長
肆丈玖尺伍寸伍層共單長貳拾肆丈柒尺伍寸
加長叁丈徑柒寸簽樁貳根

每廂墊壹層寬壹丈長壹丈用
秫秸伍拾束每束連運價銀捌厘
夫貳名係河兵力作不開價

以上廂墊折見方共單長貳千玖百玖拾丈零叁尺伍寸

用秫秸拾肆萬玖千伍百壹拾柒束半該銀壹千壹百玖拾陸兩壹錢肆分加長叁丈徑柒寸樁木叁拾叁根每根連運價銀伍錢伍分該銀拾捌兩壹錢伍分加長貳丈伍尺徑陸寸樁木玖拾叁根每根連運價銀肆錢伍分該銀肆拾壹兩捌錢伍分

共用銀壹千貳百伍拾陸兩壹錢肆分

以上歲修廂埽工程併加簽樁共用銀壹千貳百伍拾陸兩壹錢肆分查南岸上下頭貳叁工採辦秫秸奏准每束加添運脚銀貳厘伍毫該工計用秫秸拾肆萬玖千伍百壹拾柒束半用運脚銀叁百柒拾叁兩柒錢玖分叁厘柒毫伍絲

南岸貳工良鄉縣縣丞

一領銀柒百捌拾貳兩陸錢肆分肆厘

貳月分

又領加添秫秸運脚銀貳百貳拾捌兩玖錢伍分壹釐貳毫伍絲

第柒號隄長壹百捌拾丈頂寬貳丈伍尺底寬柒丈高捌尺

第壹段　廂墊陸層寬壹丈長伍丈叁尺折見方每層長
伍丈叁尺陸層共單長叁拾壹丈捌尺
加長叁丈徑柒寸簽樁貳根

第貳段　廂墊陸層寬壹丈貳尺長伍丈折見方每層長
陸丈陸層共單長叁拾陸丈
加長貳丈伍尺徑陸寸簽樁貳根

第叁段　廂墊陸層寬壹丈長伍丈壹尺折見方每層長
伍丈壹尺陸層共單長叁拾丈零陸尺
加長貳丈伍尺徑陸寸簽樁貳根

第肆段　廂墊柒層寬玖尺長伍丈折見方每層長
肆丈伍尺柒層共單長叁拾壹丈伍尺

加長叁丈徑柒寸簽樁貳根

第伍段

廂埽陸層寬壹丈壹尺長伍丈折見方每層長
伍丈伍尺陸層共单長叁拾叁丈
加長貳丈伍尺徑陸寸簽樁貳根

第陸段

廂埽陸層寬壹丈叁尺長伍丈伍尺折見方每層長
柒丈壹尺伍寸陸層共单長肆拾貳丈玖尺
加長貳丈伍尺徑陸寸簽樁叁根

第柒段

廂埽陸層寬壹丈貳尺長伍丈伍尺折見方每層長
陸丈陸尺陸層共单長叁拾玖丈陸尺
加長叁丈徑柒寸簽樁叁根

第捌段

廂埽陸層寬壹丈貳尺長陸丈折見方每層長
柒丈貳尺陸層共单長肆拾叁丈貳尺
加長貳丈伍尺徑陸寸簽樁貳根

第玖段　廂墊陸層寛壹丈壹尺伍寸長肆丈陸尺折見方每層長
伍丈貳尺玖寸陸層共單長叁拾壹丈柒尺肆寸
加長貳丈伍尺徑陸寸簽樁貳根

第拾段　廂墊陸層寛壹丈貳尺長肆丈伍尺折見方每層長
伍丈肆尺陸層共單長叁拾貳丈肆尺
加長貳丈伍尺徑陸寸簽樁貳根

第捌號隄長壹百捌拾丈頂寛貳丈伍尺底寛柒丈高捌尺

貳月分

第壹段　廂墊陸層寛壹丈貳尺長伍丈折見方每層長
陸丈陸層共單長叁拾陸丈
加長叁丈徑柒寸簽樁貳根

第貳段　廂墊陸層寛壹丈貳尺長伍丈折見方每層長
陸丈陸層共單長叁拾陸丈
加長貳丈伍尺徑陸寸簽樁貳根

第叁段　廂墊陸層寬壹丈貳尺長伍丈折見方每層長
陸丈陸層共単長叁拾陸丈
加長貳丈伍尺徑陸寸簽樁壹根

第肆段　廂墊陸層寬壹丈貳尺長伍丈折見方每層長
陸丈陸層共単長叁拾陸丈
加長貳丈伍尺徑陸寸簽樁貳根

第伍段　廂墊陸層寬壹丈貳尺長伍丈折見方每層長
陸丈陸層共単長叁拾陸丈
加長貳丈伍尺徑陸寸簽樁貳根

第陸段　廂墊陸層寬壹丈貳尺長伍丈折見方每層長
陸丈陸層共単長叁拾陸丈
加長貳丈伍尺徑陸寸簽樁貳根

第柒段　廂墊柒層寬壹丈貳尺長伍丈折見方每層長

陸丈柒層共單長肆拾貳丈

加長叁丈徑柒寸簽樁壹根

第捌段

廂墊柒層寬壹丈貳尺長伍丈折見方每層長

陸丈柒層共單長肆拾貳丈

加長貳丈伍尺徑陸寸簽樁貳根

第玖段

廂墊伍層寬壹丈貳尺長伍丈折見方每層長

陸丈伍層共單長叁拾丈

加長貳丈伍尺徑陸寸簽樁貳根

第拾段

廂墊伍層寬壹丈貳尺長伍丈折見方每層長

陸丈伍層共單長叁拾丈

加長貳丈伍尺徑陸寸簽樁貳根

第玖號隄長壹百捌拾丈頂寬叁丈底寬捌丈高壹丈

第壹段

廂墊陸層寬壹丈貳尺長伍丈伍尺折見方每層長

陸丈陸尺陸層共单長叁拾玖丈陸尺
加長貳丈伍尺徑陸寸簽樁貳根

第貳段　厢埽柒層寬壹丈壹尺長伍丈折見方每層長
伍丈伍尺柒層共单長叁拾捌丈伍尺
加長貳丈伍尺徑陸寸簽樁壹根

第叁段　厢埽陸層寬壹丈長陸丈折見方每層長
陸丈陸層共单長叁拾陸丈
加長叁丈徑柒寸簽樁叁根

第肆段　厢埽陸層寬壹丈長伍丈折見方每層長
伍丈陸層共单長叁拾丈
加長貳丈伍尺徑陸寸簽樁貳根

第伍段　厢埽陸層寬壹丈長伍丈折見方每層長
伍丈陸層共单長叁拾丈

加長貳丈伍尺徑陸寸簽樁貳根

第陸段

廂墊伍層寬壹丈壹尺長肆丈折見方每層長

肆丈肆尺伍層共單長貳拾貳丈

加長貳丈伍尺徑陸寸簽樁貳根

第柒段

廂墊陸層寬壹丈長肆丈伍尺折見方每層長

肆丈伍尺陸層共單長貳拾柒丈

加長貳丈伍尺徑陸寸簽樁貳根

第捌段

廂墊陸層寬壹丈長陸丈折見方每層長

陸丈陸層共單長叄拾陸丈

加長貳丈伍尺徑陸寸簽樁貳根

第拾伍號堤長壹百捌拾丈頂寬貳丈伍尺底寬柒丈高捌尺

貳月分

第壹段

廂墊陸層寬壹丈壹尺長肆丈伍尺折見方每層長

肆丈玖尺伍寸陸層共單長貳拾玖丈柒尺

加長叁丈徑柒寸簽樁貳根

第貳段

廂墊陸層寬壹丈壹尺長肆丈伍尺折見方每層長
肆丈玖尺伍寸陸層共单長貳拾玖丈柒尺
加長貳丈伍尺徑陸寸簽樁貳根

第叁段

廂墊伍層寬壹丈壹尺長叁丈折見方每層長
叁丈叁尺伍層共单長拾陸丈伍尺
加長貳丈伍尺徑陸寸簽樁壹根

第肆段

廂墊陸層寬壹丈叁尺伍寸長貳丈伍尺折見方每層長
叁丈叁尺柒寸伍分陸層共单長貳拾丈零貳尺伍寸
加長貳丈伍尺徑陸寸簽樁壹根

第伍段

廂墊柒層寬壹丈叁尺長伍丈貳尺折見方每層長
陸丈柒尺陸寸柒層共单長肆拾柒丈叁尺貳寸
加長貳丈伍尺徑陸寸簽樁叁根

第陸段

廂墊陸層寬壹丈叄尺伍寸長叄丈折見方每層長

肆丈零伍寸陸層共單長貳拾肆丈叄尺

加長貳丈伍尺徑陸寸簽樁壹根

第柒段

廂墊柒層寬壹丈肆尺長叄丈貳尺折見方每層長

肆丈肆尺捌寸柒層共單長叄拾壹丈叄尺陸寸

加長貳丈伍尺徑陸寸簽樁貳根

第捌段

廂墊捌層寬壹丈壹尺長伍丈伍尺折見方每層長

陸丈零伍寸捌層共單長肆拾捌丈肆尺

加長叄丈徑柒寸簽樁叄根

第玖段

廂墊柒層寬壹丈壹尺長伍丈貳尺折見方每層長

伍丈柒尺貳寸柒層共單長肆拾柒丈零肆寸

〤十丈〇〇〤寸

加長貳丈伍尺徑陸寸簽樁貳根

第拾段

廂墊陸層寬壹丈叄尺長陸丈折見方每層長

柒丈捌尺陸層共单長肆拾陸丈捌尺
加長貳丈伍尺徑陸寸簽樁叁根

第拾壹段

廂埽陸層寬壹丈叁尺長伍丈肆尺折見方每層長
柒丈零貳寸陸層共单長肆拾貳丈壹尺貳寸
加長叁丈徑柒寸簽樁叁根

第拾貳段

廂埽陸層寬壹丈壹尺長叁丈伍尺折見方每層長
叁丈捌尺伍寸陸層共单長貳拾叁丈壹尺
加長貳丈伍尺徑陸寸簽樁壹根

第拾叁段

廂埽陸層寬壹丈壹尺長伍丈折見方每層長
伍丈伍尺陸層共单長叁拾叁丈
加長叁丈徑柒寸簽樁貳根

第拾肆段

廂埽陸層寬壹丈貳尺長伍丈伍尺折見方每層長
陸丈陸尺陸層共单長叁拾玖丈陸尺

加長貳丈伍尺徑陸寸簽樁叁根

第拾伍段

廂墊柒層寬壹丈壹尺長伍丈壹尺折見方每層長

伍丈陸尺壹寸柒層共單長叁拾玖丈貳尺柒寸

加長貳丈伍尺徑陸寸簽樁貳根

第拾陸段

廂墊柒層寬壹丈貳尺長伍丈壹尺折見方每層長

陸丈壹尺貳寸柒層共單長肆拾貳丈捌尺肆寸

加長貳丈伍尺徑陸寸簽樁貳根

第拾柒段

廂墊伍層寬壹丈叁尺長伍丈壹尺折見方每層長

陸丈陸尺叁寸伍層共單長叁拾叁丈壹尺伍寸

加長貳丈伍尺徑陸寸簽樁貳根

第拾捌段

廂墊陸層寬壹丈叁尺長伍丈折見方每層長

陸丈伍尺陸層共單長叁拾玖丈

加長叁丈徑柒寸簽樁貳根

第拾玖段

廂墊陸層寬壹丈貳尺長伍丈叁尺折見方每層長
陸丈叁尺陸寸陸層共单長叁拾捌丈壹尺陸寸
加長貳丈伍尺徑陸寸簽樁貳根

第貳拾段

廂墊陸層寬壹丈貳尺長伍丈貳尺折見方每層長
陸丈貳尺肆寸陸層共单長叁拾柒丈肆尺肆寸
加長貳丈伍尺徑陸寸簽樁貳根

第貳拾壹段

廂墊陸層寬壹丈貳尺長伍丈折見方每層長
陸丈陸層共单長叁拾陸丈
加長叁丈徑柒寸簽樁貳根

第貳拾貳段

廂墊陸層寬壹丈貳尺長伍丈壹尺折見方每層長
陸丈壹尺貳寸陸層共单長叁拾陸丈柒尺貳寸
加長叁丈徑柒寸簽樁貳根

第貳拾叁段

廂墊柒層寬壹丈貳尺長伍丈折見方每層長

第貳拾肆段

陸丈柒層共单長肆拾貳丈
加長叁丈徑柒寸簽樁貳根
廂埽陸層寬壹丈貳尺長伍丈折見方每層長
陸丈陸層共单長叁拾陸丈
加長叁丈徑柒寸簽樁壹根
每廂埽壹層寬壹丈長壹丈用
秫秸伍拾束每束連運價銀捌厘
夫貳名係河兵力作不開價
以上廂埽折見方共单長壹千捌百叁拾壹丈陸尺
壹寸用秫秸玖萬壹千伍百捌拾束半該銀柒百
叁拾貳兩陸錢肆分肆厘加長叁丈徑柒寸樁木
叁拾貳根每根連運價銀伍錢伍分該銀拾柒兩
陸錢加長貳丈伍尺徑陸寸樁木柒拾貳根每根連

運價銀肆錢伍分該銀叁拾貳兩肆錢
共用銀柒百捌拾貳兩陸錢肆分肆厘
以上歲修廂埽工程併加簽樁共用銀柒百捌拾貳兩陸
錢肆分肆厘查南岸上下頭貳叁工採辦秫秸
奏准每束加添運脚銀貳厘伍毫該工計用秫秸玖
萬壹千伍百捌拾束半用運脚銀貳百貳拾捌兩
玖錢伍分壹厘貳毫伍絲

南岸叁工涿州州判
一領銀伍百陸拾玖兩貳錢貳分
又領加添秫秸運脚銀壹百陸拾陸兩玖錢肆分叁厘柒毫伍絲

貳月分

第壹段
第柒號隄長壹百捌拾丈頂寬貳丈伍尺底寬柒丈高玖尺
廂埽肆層寬壹丈貳尺長陸丈折見方每層長
柒丈貳尺肆層共單長貳拾捌丈捌尺

加長叁丈徑柒寸簽樁貳根

第貳段

廂墊伍層寬壹丈貳尺長肆丈貳尺折見方每層長

伍丈零肆寸伍層共単長貳拾伍丈貳尺

加長貳丈伍尺徑陸寸簽樁壹根

第叁段

廂墊伍層寬壹丈叁尺長肆丈折見方每層長

伍丈貳尺伍層共単長貳拾陸丈

加長貳丈伍尺徑陸寸簽樁貳根

第肆段

廂墊伍層寬壹丈壹尺長伍丈折見方每層長

伍丈伍尺伍層共単長貳拾柒丈伍尺

加長貳丈伍尺徑陸寸簽樁壹根

第伍段

廂墊肆層寬壹丈叁尺長肆丈伍尺折見方每層長

伍丈捌尺伍寸肆層共単長貳拾叁丈肆尺

加長貳丈伍尺徑陸寸簽樁壹根

第陸段

廂墊陸層寬壹丈貳尺長肆丈伍尺折見方每層長
伍丈肆尺陸層共單長叁拾貳丈肆尺
加長貳丈伍尺徑陸寸簽樁貳根

第柒段

廂墊陸層寬壹丈叁尺長肆丈折見方每層長
伍丈貳尺陸層共單長叁拾壹丈貳尺
加長貳丈伍尺徑陸寸簽樁壹根

第捌段

廂墊伍層寬壹丈壹尺長叁丈折見方每層長
叁丈叁尺伍層共單長拾陸丈伍尺
加長貳丈伍尺徑陸寸簽樁壹根

第玖段

廂墊伍層寬壹丈壹尺長貳丈叁尺折見方每層長
貳丈伍尺叁寸伍層共單長拾貳丈陸尺伍寸
加長貳丈伍尺徑陸寸簽樁壹根

第拾段

廂墊伍層寬壹丈貳尺長叁丈伍尺折見方每層長

肆丈貳尺伍層共單長貳拾壹丈
加長貳丈伍尺徑陸寸簽樁壹根

第拾壹段

廂墊陸層寬壹丈叁尺長壹丈伍尺折見方每層長
壹丈玖尺伍寸陸層共單長拾壹丈柒尺
加長貳丈伍尺徑陸寸簽樁壹根

第拾貳段

廂墊伍層寬壹丈貳尺長肆丈伍尺折見方每層長
伍丈肆尺伍層共單長貳拾柒丈
加長貳丈伍尺徑陸寸簽樁貳根

第拾叁段

廂墊伍層寬壹丈貳尺長伍丈叁尺折見方每層長
陸丈叁尺陸寸伍層共單長叁拾壹丈捌尺
加長貳丈伍尺徑陸寸簽樁貳根

第拾肆段

廂墊伍層寬壹丈貳尺長肆丈陸尺折見方每層長
伍丈伍尺貳寸伍層共單長貳拾柒丈陸尺

加長叁丈徑柒寸簽樁貳根

第拾伍段

廂墊肆層寬壹丈伍尺長陸丈折見方每層長
玖丈肆層共單長叁拾陸丈
加長叁丈徑柒寸簽樁叁根

第拾陸段

廂墊伍層寬壹丈壹尺長叁丈陸尺折見方每層長
叁丈玖尺陸寸伍層共單長拾玖丈捌尺
加長貳丈伍尺徑陸寸簽樁壹根

第拾柒段

廂墊肆層寬壹丈壹尺長伍丈折見方每層長
伍丈伍尺肆層共單長貳拾貳丈
加長貳丈伍尺徑陸寸簽樁貳根

第玖號隄長壹百捌拾丈頂寬伍丈底寬拾叁丈肆尺高貳丈壹尺

第壹段

廂墊伍層寬壹丈長伍丈折見方每層長
伍丈伍層共單長貳拾伍丈

加長叁丈徑柒寸簽樁壹根

第貳段

廂墊伍層寬壹丈長伍丈折見方每層長

伍丈伍層共單長貳拾伍丈

加長叁丈徑柒寸簽樁壹根

第叁段

廂墊伍層寬壹丈長伍丈折見方每層長

伍丈伍層共單長貳拾伍丈

加長貳丈伍尺徑陸寸簽樁壹根

第肆段

廂墊伍層寬壹丈長伍丈折見方每層長

伍丈伍層共單長貳拾伍丈

加長叁丈徑柒寸簽樁貳根

第伍段

廂墊伍層寬壹丈長伍丈折見方每層長

伍丈伍層共單長貳拾伍丈

加長貳丈伍尺徑陸寸簽樁壹根

第陸段

廂墊伍層寬壹丈長伍丈折見方每層長伍丈伍層共單長貳拾伍丈

加長貳丈伍尺徑陸寸簽樁壹根

第柒段

廂墊陸層寬壹丈長伍丈折見方每層長伍丈陸層共單長叁拾丈

加長貳丈伍尺徑陸寸簽樁壹根

第捌段

廂墊陸層寬壹丈長伍丈折見方每層長伍丈陸層共單長叁拾丈

加長貳丈伍尺徑陸寸簽樁壹根

第玖段

廂墊伍層寬壹丈長伍丈折見方每層長伍丈伍層共單長貳拾伍丈

加長貳丈伍尺徑陸寸簽樁壹根

第拾段

廂墊伍層寬壹丈長伍丈折見方每層長

伍丈伍層共單長貳拾伍丈
加長貳丈伍尺徑陸寸簽樁壹根

第拾壹段

廂墊伍層寬壹丈長伍丈折見方每層長伍丈伍層共單長貳拾伍丈
加長貳丈伍尺徑陸寸簽樁壹根

第拾貳段

廂墊伍層寬壹丈長伍丈折見方每層長伍丈伍層共單長貳拾伍丈
加長貳丈伍尺徑陸寸簽樁壹根

第拾叁段

廂墊陸層寬壹丈長伍丈折見方每層長伍丈陸層共單長叁拾丈
加長貳丈伍尺徑陸寸簽樁壹根

第拾肆段

廂墊陸層寬壹丈長伍丈折見方每層長伍丈陸層共單長叁拾丈

加長貳丈伍尺徑陸寸簽樁壹根

第拾伍段

廂墊伍層寬壹丈長伍丈折見方每層長
伍丈伍層共单長貳拾伍丈
加長貳丈伍尺徑陸寸簽樁貳根

第拾陸段

廂墊伍層寬壹丈長伍丈折見方每層長
伍丈伍層共单長貳拾伍丈
加長貳丈伍尺徑陸寸簽樁壹根

第拾柒段

廂墊伍層寬壹丈長伍丈折見方每層長
伍丈伍層共单長貳拾伍丈
加長貳丈伍尺徑陸寸簽樁壹根

第拾捌段

廂墊伍層寬壹丈長伍丈折見方每層長
伍丈伍層共单長貳拾伍丈
加長貳丈伍尺徑陸寸簽樁壹根

第拾玖段
廂墊伍層寬壹丈長伍丈折見方每層長
伍丈伍層共单長貳拾伍丈
加長貳丈伍尺徑陸寸簽樁壹根

第貳拾段
廂墊肆層寬壹丈長伍丈折見方每層長
伍丈肆層共单長貳拾丈
加長貳丈伍尺徑陸寸簽樁壹根

第貳拾壹段
廂墊伍層寬壹丈長伍丈折見方每層長
伍丈伍層共单長貳拾伍丈
加長貳丈伍尺徑陸寸簽樁貳根

第貳拾貳段
廂墊伍層寬壹丈長伍丈折見方每層長
伍丈伍層共单長貳拾伍丈
加長叁丈徑柒寸簽樁貳根

第貳拾叁段
廂墊伍層寬壹丈長伍丈折見方每層長

伍丈伍層共单長貳拾伍丈
加長貳丈伍尺徑陸寸簽樁壹根

第貳拾肆段

廂墊伍層寬壹丈長伍丈折見方每層長
伍丈伍層共单長貳拾伍丈
加長貳丈伍尺徑陸寸簽樁貳根

第貳拾伍段

廂墊伍層寬壹丈長伍丈折見方每層長
伍丈伍層共单長貳拾伍丈
加長貳丈伍尺徑陸寸簽樁壹根

第貳拾陸段

廂墊伍層寬壹丈長伍丈折見方每層長
伍丈伍層共单長貳拾伍丈
加長貳丈伍尺徑陸寸簽樁貳根

第貳拾柒段

廂墊伍層寬壹丈長伍丈折見方每層長
伍丈伍層共单長貳拾伍丈

加長貳丈伍尺徑陸寸簽樁壹根

第貳拾捌段

廂墊伍層寬壹丈長伍丈折見方每層長

伍丈伍層共单長貳拾伍丈

加長叁丈徑柒寸簽樁貳根

第貳拾玖段

廂墊伍層寬壹丈長伍丈折見方每層長

伍丈伍層共单長貳拾伍丈

加長叁丈徑柒寸簽樁貳根

第叁拾段

廂墊伍層寬壹丈長伍丈折見方每層長

伍丈伍層共单長貳拾伍丈

加長叁丈徑柒寸簽樁貳根

第叁拾壹段

廂墊伍層寬壹丈長伍丈折見方每層長

伍丈伍層共单長貳拾伍丈

加長叁丈徑柒寸簽樁壹根

第叁拾貳段

廂墊伍層寬壹丈長伍丈折見方每層長
伍丈伍層共單長貳拾伍丈
加長叁丈徑柒寸簽樁貳根

第叁拾叁段

廂墊伍層寬壹丈長伍丈折見方每層長
伍丈伍層共單長貳拾伍丈
加長叁丈徑柒寸簽樁壹根

第叁拾肆段

廂墊伍層寬壹丈長伍丈折見方每層長
伍丈伍層共單長貳拾伍丈
加長叁丈徑柒寸簽樁壹根

第叁拾伍段

廂墊伍層寬壹丈長伍丈折見方每層長
伍丈伍層共單長貳拾伍丈
加長叁丈徑柒寸簽樁壹根

第叁拾陸段

廂墊伍層寬壹丈長伍丈折見方每層長

伍丈伍層共單長貳拾伍丈
加長叁丈徑柒寸簽樁壹根
每廂埽壹層寬壹丈長壹丈用
秫秸伍拾束每束連運價銀捌厘
夫貳名係河兵力作不開價
以上廂埽折見方共單長壹千叁百叁拾伍丈伍尺
伍寸用秫秸陸萬陸千柒百柒拾柒束半該
銀五百叁拾肆兩貳錢貳分加長叁丈徑柒寸
樁木貳拾陸根每根連運價銀伍錢伍分該銀
拾肆兩叁錢加長貳丈伍尺徑陸寸樁木肆拾陸
根每根連運價銀肆錢伍分該銀貳拾兩零
柒錢
共用銀伍百陸拾玖兩貳錢貳分

以上歲修廂埽工程併加簽樁共用銀伍百陸拾玖兩
貳錢貳分查南岸上下頭貳叁工採辦秫秸
奏准每束加添運脚銀貳厘伍毫該工計工計用
秫秸陸萬陸千柒百柒拾柒束半用運脚銀
壹百陸拾陸兩玖錢肆分叁厘柒毫伍絲

貳月分

南岸肆工固安縣縣丞
一領銀伍百肆拾伍兩捌錢叁分陸厘
第肆號隄長壹百捌拾丈頂寬叁丈底寬柒丈高玖尺
第壹段　廂埽拾層寬壹丈伍尺長肆丈伍尺折見方每層長
陸丈柒尺伍寸拾層共單長陸拾柒丈伍尺
加長叁丈徑柒寸簽樁肆根
第貳段　廂埽拾壹層寬壹丈伍尺長肆丈伍尺折見方每層長
陸丈柒尺伍寸拾壹層共單長柒拾肆丈貳尺伍寸

加長貳丈伍尺徑陸寸簽樁肆根

第叁段

廂墊拾壹層寬壹丈伍尺長肆丈伍尺折見方每層長

陸丈柒尺伍寸拾壹層共单長柒拾肆丈貳尺伍寸

加長叁丈徑柒寸簽樁叁根

第肆段

廂墊拾壹層寬壹丈肆尺長肆丈伍尺折見方每層長

陸丈叁尺拾壹層共单長陸拾玖丈叁尺

加長貳丈伍尺徑陸寸簽樁肆根

第伍段

廂墊玖層寬壹丈貳尺伍寸長肆丈伍尺折見方每層長

伍丈陸尺貳寸伍分玖層共单長伍拾丈零陸尺貳寸伍分

加長貳丈伍尺徑陸寸簽樁肆根

第伍號隄長壹百捌拾丈頂寬叁丈底寬柒丈高玖尺

肆月分

第壹段

廂墊陸層寬壹丈壹尺長伍丈玖尺折見方每層長

陸丈肆尺玖寸陸層共单長叁拾捌丈玖尺肆寸

加長叁丈徑柒寸簽樁肆根

第貳段

廂埽陸層寬壹丈壹尺長伍丈捌尺折見方每層長
陸丈叁尺捌寸陸層共單長叁拾捌丈貳尺捌寸
加長貳丈伍尺徑陸寸簽樁叁根

第叁段

廂埽陸層寬壹丈貳尺長伍丈伍尺折見方每層長
陸丈陸尺陸層共單長叁拾玖丈陸尺
加長貳丈伍尺徑陸寸簽樁貳根

第肆段

廂埽陸層寬壹丈壹尺伍寸長伍丈壹尺折見方每層長
伍丈捌尺陸寸伍分陸層共單長叁拾伍丈壹尺玖寸
加長叁丈徑柒寸簽樁肆根

第伍段

廂埽陸層寬壹丈貳尺長伍丈折見方每層長
陸丈陸層共單長叁拾陸丈
加長貳丈伍尺徑陸寸簽樁叁根

第陸段

廂墊陸層寬壹丈貳尺長伍丈伍尺折見方每層長
陸丈陸尺陸層共單長叁拾玖丈陸尺
加長叁丈徑柒寸簽樁叁根

第柒段

廂墊陸層寬壹丈貳尺長伍丈伍尺折見方每層長
陸丈陸尺陸層共單長叁拾玖丈陸尺
加長叁丈徑柒寸簽樁叁根

第捌段

廂墊玖層寬壹丈貳尺長肆丈伍尺折見方每層長
伍丈肆尺玖層共單長肆拾捌丈陸尺
加長貳丈伍尺徑陸寸簽樁貳根

第玖段

廂墊柒層寬壹丈貳尺長肆丈折見方每層長
肆丈捌尺柒層共單長叁拾叁丈陸尺
加長貳丈伍尺徑陸寸簽樁叁根

第拾段

廂墊柒層寬壹丈壹尺長伍丈折見方每層長

伍丈伍尺柒層共單長叁拾捌丈伍尺

第拾壹段

加長貳丈伍尺徑陸寸簽樁叁根

廂墊伍層寬壹丈壹尺長肆丈捌尺折見方每層長

伍丈貳尺捌寸伍層共單長貳拾陸丈肆尺

第拾貳段

加長貳丈伍尺徑陸寸簽樁貳根

廂墊伍層寬壹丈貳尺長伍丈折見方每層長

陸丈伍層共單長叁拾丈

第拾叁段

加長貳丈伍尺徑陸寸簽樁叁根

廂墊伍層寬壹丈壹尺長伍丈折見方每層長

伍丈伍尺伍層共單長貳拾柒丈伍尺

第拾肆段

加長貳丈伍尺徑陸寸簽樁貳根

廂墊伍層寬壹丈壹尺長伍丈折見方每層長

伍丈伍尺伍層共單長貳拾柒丈伍尺

加長叁丈徑柒寸簽樁叁根

第拾伍段

廂墊陸層寬壹丈長伍丈折見方每層長伍丈陸層共单長叁拾丈
加長貳丈伍尺徑陸寸簽樁肆根

第拾陸段

廂墊陸層寬壹丈長伍丈折見方每層長伍丈陸層共单長叁拾丈
加長貳丈伍尺徑陸寸簽樁貳根

第拾柒段

廂墊陸層寬壹丈長伍丈折見方每層長伍丈陸層共单長叁拾丈
加長叁丈徑柒寸簽樁叁根

第拾捌段

廂墊伍層寬壹丈長伍丈折見方每層長伍丈伍層共单長貳拾伍丈
加長貳丈伍尺徑陸寸簽樁叁根

第拾玖段

廂墊伍層寬壹丈長伍丈折見方每層長
伍丈伍層共單長貳拾伍丈
加長叁丈徑柒寸簽樁叁根

第貳拾段

廂墊陸層寬壹丈長伍丈折見方每層長
伍丈陸層共單長叁拾丈
加長貳丈伍尺徑陸寸簽樁貳根

第貳拾壹段

廂墊陸層寬壹丈貳尺長伍丈折見方每層長
陸丈陸層共單長叁拾陸丈
加長貳丈伍尺徑陸寸簽樁貳根

第貳拾貳段

廂墊陸層寬壹丈貳尺長肆丈折見方每層長
肆丈捌尺陸層共單長貳拾捌丈捌尺
加長叁丈徑柒寸簽樁貳根

第貳拾叁段

廂墊伍層寬壹丈長伍丈折見方每層長

伍丈伍層共单長貳拾伍丈
加長貳丈伍尺徑陸寸簽樁貳根

第貳拾肆段

廂墊伍層寬壹丈貳尺長伍丈折見方每層長
陸丈伍層共单長叁拾丈
加長叁丈徑柒寸簽樁貳根

第貳拾伍段

廂墊伍層寬壹丈貳尺長伍丈折見方每層長
陸丈伍層共单長叁拾丈
加長貳丈伍尺徑陸寸簽樁貳根

第貳拾陸段

廂墊伍層寬壹丈貳尺長伍丈伍尺折見方每層長
陸丈陸尺伍層共单長叁拾叁丈
加長貳丈伍尺徑陸寸簽樁貳根

第貳拾柒段

廂墊陸層寬壹丈陸尺長伍丈折見方每層長
捌丈陸層共单長肆拾捌丈

第貳拾捌段

加長貳丈伍尺徑陸寸簽樁貳根

廂墊肆層寬壹丈叁尺長叁丈肆尺折見方每層長
肆丈肆尺貳寸肆層共单長拾柒丈陸尺捌寸

加長貳丈伍尺徑陸寸簽樁壹根

每廂墊壹層寬壹丈長壹丈用
秫秸伍拾束每束連運價銀捌厘
夫貳名係河兵力作不開價

以上廂墊折見方共单長壹千貳百伍拾叁丈柒尺
壹寸伍分用秫秸陸萬貳千陸百捌拾伍束柒
分伍厘該銀伍百零壹兩肆錢捌分陸厘加長叁
丈徑柒寸樁木叁拾肆根每根連運價銀伍錢伍
分該銀拾捌兩柒錢加長貳丈伍尺徑陸寸樁木伍
拾柒根每根連運價銀肆錢伍分該銀貳拾伍兩

陸錢伍分

共用銀伍百肆拾伍兩捌錢叁分陸厘

以上歲修廂墊[?]工程併加簽樁共用銀伍百肆拾伍兩捌錢叁分陸厘

以上南岸伍汛歲修廂墊工程併加簽樁共用銀肆千兩查

南岸上下頭貳叁工採辦秫秸

奏准每束加添運脚銀貳厘伍毫該肆汛計用秫秸肆拾萬零捌千陸百肆拾伍束半用運脚銀壹千零貳拾壹兩陸錢壹分叁厘柒毫伍絲

以上南岸各汛前件各段廂墊工程並墊高層數均照沖坍丈尺修做每層係高壹尺其柴束不能合縫之處俱用土築實合併聲明

三角淀通判屬

南岸伍工永清縣縣丞

一領銀壹千伍百肆拾陸兩陸錢捌分

第捌號堤長壹百捌拾丈頂寬貳丈叁尺底寬捌丈高捌尺

第壹段　廂墊肆層寬壹丈叁尺長伍丈折見方每層長陸丈

伍尺肆層共單長貳拾陸丈

加長貳丈伍尺徑陸寸簽樁叁根

第貳段　廂墊肆層寬壹丈長肆丈伍尺折見方每層長肆丈伍尺

肆層共單長拾捌丈

加長貳丈伍尺徑陸寸簽樁叁根

第叁段　廂墊肆層寬壹丈長伍丈伍尺折見方每層長伍丈伍尺

肆層共單長貳拾貳丈

加長貳丈伍尺徑陸寸簽樁叁根

第肆段　廂墊肆層寬壹丈壹尺長肆丈伍尺折見方每層
長肆丈玖尺伍寸肆層共單長拾玖丈捌尺
加長貳丈伍尺徑陸寸簽樁叁根

第伍段　廂墊肆層寬壹丈叁尺長肆丈折見方每層長伍
丈貳尺肆層共單長貳拾丈捌尺
加長貳丈伍尺徑陸寸簽樁貳根

第陸段　廂墊肆層寬壹丈陸尺伍寸長伍丈伍尺折見方每
層長玖丈柒寸伍分肆層共單長叁拾陸丈叁尺
加長貳丈伍尺徑陸寸簽樁叁根

第柒段　廂墊肆層寬壹丈壹尺長叁丈折見方每層長叁丈
叁尺肆層共單長拾叁丈貳尺
加長貳丈伍尺徑陸寸簽樁叁根

第捌段　廂墊肆層寬壹丈伍寸長伍丈折見方每層長伍丈

貳尺伍寸肆層共單長貳拾壹丈

加長叁丈徑柒寸簽樁叁根

第玖號堤長壹百捌拾丈頂寬貳丈捌尺底寬玖丈高玖尺

第壹段　廂墊肆層寬壹丈壹尺長肆丈伍尺折見方每層長

肆丈玖尺伍寸肆層共單長拾玖丈捌尺

加長貳丈伍尺徑陸寸簽樁叁根

第貳段　廂墊肆層寬壹丈壹尺長肆丈伍尺折見方每層長

肆丈玖尺伍寸肆層共單長拾玖丈捌尺

加長貳丈伍尺徑陸寸簽樁叁根

第叁段　廂墊肆層寬壹丈貳尺長伍丈折見方每層長陸丈

肆層共單長貳拾肆丈

加長貳丈伍尺徑陸寸簽樁叁根

第肆段　廂墊肆層寬壹丈叁尺長肆丈伍尺折見方每層長

伍丈捌尺伍寸肆層共單長貳拾叁丈肆尺
加長貳丈伍尺徑陸寸簽樁叁根
廂墊肆層寬壹丈叁尺長伍丈伍尺折見方每層長
柒丈壹尺伍寸肆層共單長貳拾捌丈陸尺

第伍段

加長貳丈伍尺徑陸寸簽樁叁根
廂墊肆層寬壹丈叁尺伍寸長伍丈伍尺折見方
每層長柒丈肆尺貳寸伍分肆層共單長
貳拾玖丈柒尺

第陸段

加長貳丈伍尺徑陸寸簽樁叁根
廂墊肆層寬壹丈壹尺伍寸長肆丈伍尺折見方每
層長伍丈壹尺柒寸伍分肆層共單長貳拾
丈柒尺

第柒段

加長貳丈伍尺徑陸寸簽樁叁根

第捌段　廂埽肆層寬玖尺伍寸長貳丈伍尺折見方每層長
貳丈叁尺柒寸伍分肆層共單長玖丈伍尺
加長叁丈徑柒寸簽樁壹根

第玖段　廂埽肆層寬壹丈壹尺伍寸長肆丈伍尺折見方每
層長伍丈壹尺柒寸伍分肆層共單長貳拾丈
柒尺
加長貳丈伍尺徑陸寸簽樁叁根

第拾段　廂埽肆層寬壹丈叁尺長陸丈折見方每層長柒
丈捌尺肆層共單長叁拾壹丈貳尺
加長貳丈伍尺徑陸寸簽樁肆根

第拾號堤長壹百捌拾丈頂寬貳丈伍尺底寬捌丈高壹丈

第壹段　廂埽伍層寬壹丈長肆丈柒尺折見方每層長肆
丈柒尺伍層共單長貳拾叁丈伍尺

加長叁丈徑柒寸簽樁叁根

第貳段

廂墊伍層寬壹丈長肆丈伍尺折見方每層長
肆丈伍尺伍層共單長貳拾貳丈伍尺
加長叁丈徑柒寸簽樁貳根
加長貳丈伍尺徑陸寸簽樁壹根

第叁段

廂墊伍層寬壹丈壹尺長肆丈肆尺折見方每層長
肆丈捌尺肆寸伍層共單長貳拾肆丈貳尺
加長貳丈伍尺徑陸寸簽樁叁根

第肆段

廂墊伍層寬壹丈貳尺長肆丈叁尺折見方每層
長伍丈壹尺陸寸伍層共單長貳拾伍丈捌尺
加長貳丈伍尺徑陸寸簽樁叁根

第伍段

廂墊伍層寬壹丈壹尺長伍丈折見方每層長伍
丈伍尺伍層共單長貳拾柒丈伍尺

加長叁丈徑柒寸簽樁叁根

第陸段　廂墊伍層寬壹丈貳尺長伍丈伍尺折見方每層
長陸丈陸尺伍層共單長叁拾叁丈

加長叁丈徑柒寸簽樁叁根

第拾壹號堤長壹百捌拾丈頂寬貳丈叁尺底寬柒丈伍尺高壹丈伍尺

第壹段　廂墊伍層寬壹丈長肆丈折見方每層長肆丈
伍層共單長貳拾丈

加長叁丈徑柒寸簽樁貳根

第貳段　廂墊伍層寬壹丈叁尺伍寸長伍丈折見方每層
長陸丈柒尺伍寸伍層共單長叁拾叁丈柒尺
伍寸

加長叁丈徑柒寸簽樁叁根

第叁段　廂墊伍層寬壹丈陸尺伍寸長肆丈伍尺折見

方每層長柒丈肆尺貳寸伍分伍層共單長叁拾柒丈壹尺貳寸伍分

加長叁丈徑柒寸簽樁叁根

第肆段

廂墊伍層寬壹丈叁尺長肆丈伍尺折見方每層長伍丈捌尺伍寸伍層共單長貳拾玖丈貳尺伍寸

加長貳丈伍尺徑陸寸簽樁叁根

第伍段

廂墊伍層寬壹丈長叁丈伍尺折見方每層長叁丈伍尺伍層共單長拾柒丈伍尺

加長貳丈伍尺徑陸寸簽樁貳根

第陸段

廂墊伍層寬壹丈壹尺長肆丈伍尺折見方每層長肆丈玖尺伍寸伍層共單長貳拾肆丈柒尺伍寸

加長貳丈伍尺徑陸寸簽樁叁根

第柒段　廂墊伍層寬壹丈壹尺長肆丈伍尺折見方每層長
肆丈玖尺伍寸伍層共單長貳拾肆丈柒尺
伍寸
加長貳丈伍尺徑陸寸簽樁叁根

第捌段　廂墊伍層寬壹丈壹尺長伍丈折見方每層長伍
丈伍尺伍層共單長貳拾柒丈伍尺
加長叁丈徑柒寸簽樁叁根

第拾貳號堤長壹百捌拾丈頂寬叁丈底寬柒丈高捌尺

第壹段　廂墊伍層寬壹丈貳尺長叁丈折見方每層長叁丈
陸尺伍層共單長拾捌丈
加長貳丈伍尺徑陸寸簽樁貳根

第貳段　廂墊伍層寬壹丈肆尺伍寸長伍丈折見方每層
長柒丈貳尺伍寸伍層共單長叁拾陸丈貳尺

伍寸
加長叁丈徑柒寸簽樁叁根
廂墊伍層寬壹丈陸尺伍寸長肆丈折見方每層
長陸丈陸尺伍層共单長叁拾叁丈

第叁段

加長叁丈徑柒寸簽樁貳根
廂墊伍層寬壹丈捌尺伍寸長伍丈折見方每層長
玖丈貳尺伍寸伍層共单長肆拾陸丈貳尺

第肆段

伍寸
加長叁丈徑柒寸簽樁叁根
廂墊伍層寬壹丈伍尺長伍丈折見方每層長
柒丈伍尺伍層共单長叁拾柒丈伍尺

第伍段

加長叁丈徑柒寸簽樁壹根
加長貳丈伍尺徑陸寸簽樁貳根

第陸段

廂埽伍層寬壹丈壹尺伍寸長伍丈折見方每層長
伍丈柒尺伍寸伍層共單長貳拾捌丈柒尺
伍寸

第柒段

加長貳丈伍尺徑陸寸簽樁叁根
廂埽伍層寬壹丈捌尺伍寸長伍丈折見方每層
長玖丈貳尺伍寸伍層共單長肆拾陸丈貳
尺伍寸
加長叁丈徑柒寸簽樁叁根

第捌段

廂埽伍層寬壹丈伍尺長叁丈折見方每層長
肆丈伍尺伍層共單長貳拾貳丈伍尺
加長貳丈伍尺徑陸寸簽樁貳根

第玖段

廂埽伍層寬壹丈玖尺長肆丈折見方每層長
柒丈陸尺伍層共單長叁拾捌丈

第拾段

加長叁丈徑柒寸簽樁貳根
廂埽伍層寬壹丈陸尺長伍丈折見方每層長
捌丈伍層共单長肆拾丈

第拾壹段

加長叁丈徑柒寸簽樁叁根
廂埽伍層寬壹丈壹尺伍寸長肆丈折見方
每層長肆丈陸尺伍層共单長貳拾叁丈

第拾貳段

加長叁丈徑柒寸簽樁貳根
廂埽伍層寬壹丈肆尺伍寸長肆丈伍尺折見方
每層長陸丈伍尺貳寸伍分伍層共单長叁拾
貳丈陸尺貳寸伍分

第拾叁段

加長貳丈伍尺徑陸寸簽樁叁根
廂埽伍層寬壹丈伍尺長肆丈折見方每層長
陸丈伍層共单長叁拾丈

加長叁丈徑柒寸簽樁貳根

第拾肆段

廂墊伍層寬壹丈伍尺長伍丈折見方每層長
柒丈伍尺伍層共单長叁拾柒丈伍尺

加長叁丈徑柒寸簽樁貳根

加長貳丈伍尺徑陸寸簽樁壹根

第拾伍段

廂墊伍層寬壹丈陸尺長肆丈伍尺折見方每層
長柒丈貳尺伍層共单長叁拾陸丈

加長貳丈伍尺徑陸寸簽樁叁根

第拾陸段

廂墊伍層寬壹丈陸尺長肆丈伍尺折見方每層
長柒丈貳尺伍層共单長叁拾陸丈

加長貳丈伍尺徑陸寸簽樁叁根

第拾柒段

廂墊伍層寬壹丈陸尺長肆丈折見方每層長
陸丈肆尺伍層共单長叁拾貳丈

第拾捌段

加長叁丈徑柒寸簽樁貳根
廂墊伍層寬壹丈叁尺長陸丈折見方每層長
柒丈捌尺伍層共單長叁拾玖丈
加長叁丈徑柒寸簽樁貳根

第拾玖段

加長貳丈伍尺徑陸寸簽樁貳根
廂墊伍層寬壹丈伍尺長伍丈折見方每層長
柒丈伍尺伍層共單長叁拾柒丈伍尺

第貳拾段

加長叁丈徑柒寸簽樁叁根
廂墊伍層寬貳丈長伍丈折見方每層長拾丈
伍層共單長伍拾丈

第貳拾壹段

加長叁丈徑柒寸簽樁叁根
廂墊伍層寬貳丈長伍丈折見方每層長拾丈伍
層共單長伍拾丈

第貳拾貳段

加長叁丈徑柒寸簽樁叁根

廂墊伍層寬壹丈陸尺長陸丈折見方每層長

玖丈陸尺伍層共單長肆拾捌丈

加長叁丈徑柒寸簽樁貳根

第貳拾叁段

加長貳丈伍尺徑陸寸簽樁貳根

廂墊伍層寬壹丈壹尺長肆丈伍尺折見方每層

長肆丈玖尺伍寸伍層共單長貳拾肆丈柒

尺伍寸

第貳拾肆段

加長貳丈伍尺徑陸寸簽樁叁根

廂墊伍層寬壹丈壹尺長肆丈折見方每層長

肆丈肆尺伍層共單長貳拾貳丈

加長叁丈徑柒寸簽樁貳根

第貳拾伍段

廂墊伍層寬壹丈貳尺長陸丈折見方每層長柒

丈貳尺伍層共單長叁拾陸丈

加長叁丈徑柒寸簽樁貳根

加長貳丈伍尺徑陸寸簽樁貳根

第貳拾陸段

廂埽伍層寬壹丈貳尺長伍丈折見方每層長陸丈伍層共單長叁拾丈

加長貳丈伍尺徑陸寸簽樁叁根

第貳拾柒段

廂埽伍層寬壹丈貳尺長伍丈折見方每層長陸丈伍層共單長叁拾丈

加長貳丈伍尺徑陸寸簽樁叁根

第貳拾捌段

廂埽伍層寬壹丈陸尺長伍丈折見方每層長捌丈伍層共單長肆拾丈

加長叁丈徑柒寸簽樁叁根

第貳拾玖段

廂埽伍層寬壹丈陸尺長伍丈折見方每層長捌

丈伍層共單長肆拾丈

加長叁丈徑柒寸簽樁叁根

第叁拾段

廂墊伍層寬壹丈叁尺長柒丈伍尺折見方每層長玖丈柒尺伍寸伍層共單長肆拾捌丈柒尺伍寸

加長叁丈徑柒寸簽樁肆根

第叁拾壹段

廂墊伍層寬壹丈柒尺長陸丈折見方每層長拾丈貳尺伍層共單長伍拾壹丈

加長叁丈徑柒寸簽樁貳根

加長貳丈伍尺徑陸寸簽樁貳根

第叁拾貳段

廂墊伍層寬壹丈柒尺長伍丈折見方每層長捌丈伍尺伍層共單長肆拾貳丈伍尺

加長叁丈徑柒寸簽樁叁根

第叁拾叁段

廂塾伍層寬壹丈柒尺長陸丈折見方每層長拾
丈貳尺伍層共單長伍拾壹丈
加長叁丈徑柒寸簽樁貳根
加長貳丈伍尺徑陸寸簽樁貳根

第叁拾肆段

廂塾伍層寬壹丈肆尺長伍丈伍尺折見方每層
長柒丈柒尺伍層共單長叁拾捌丈伍尺
加長叁丈徑柒寸簽樁叁根

第叁拾伍段

廂塾伍層寬壹丈陸尺長伍丈折見方每層長捌
丈伍層共單長肆拾丈
加長叁丈徑柒寸簽樁叁根

第叁拾陸段

廂塾伍層寬壹丈玖尺長伍丈折見方每層長玖丈伍
尺伍層共單長肆拾柒丈伍尺
加長叁丈徑柒寸簽樁叁根

第拾叁號堤長壹百捌拾丈頂寬叁丈底寬柒丈伍尺高玖尺

第壹段

廂墊伍層寬壹丈壹尺伍寸長肆丈伍尺折見方
每層長伍丈壹尺柒寸伍分伍層共單長貳拾伍丈
捌尺柒寸伍分

加長貳丈伍尺徑陸寸簽樁叁根

第貳段

廂墊伍層寬壹丈壹尺長伍丈伍尺折見方每層長
陸丈零伍寸伍層共單長叁拾丈貳尺伍寸

加長叁丈徑柒寸簽樁叁根

第叁段

廂墊伍層寬壹丈長伍丈折見方每層長伍丈伍
層共單長貳拾伍丈

加長貳丈伍尺徑陸寸簽樁叁根

第肆段

廂墊伍層寬壹丈長伍丈折見方每層長伍丈
伍層共單長貳拾伍丈

第伍段

加長貳丈伍尺徑陸寸簽樁叁根

廂墊伍層寬壹丈貳尺伍寸長肆丈折見方每
　層長伍丈伍層共單長貳拾伍丈

第陸段

加長叁丈徑柒寸簽樁叁根

廂墊伍層寬壹丈叁尺長陸丈折見方每層長柒丈
　捌尺伍層共單長叁拾玖丈

加長叁丈徑柒寸簽樁貳根

加長貳丈伍尺徑陸寸簽樁貳根

第柒段

廂墊伍層寬壹丈貳尺長伍丈折見方每層長陸丈
　伍層共單長叁拾丈

加長貳丈伍尺徑陸寸簽樁叁根

第捌段

廂墊伍層寬壹丈貳尺長伍尺折見方每層長陸丈
　伍層共單長叁拾丈

加長貳丈伍尺徑陸寸簽樁叁根

第玖段

廂墊伍層寬壹丈陸尺長肆丈伍尺折見方每層
長柒丈貳尺伍層共單長叁拾陸丈
加長貳丈伍尺徑陸寸簽樁叁根

第拾段

廂墊伍層寬壹丈陸尺長陸丈折見方每層長
玖丈陸尺伍層共單長肆拾捌丈
加長叁丈徑柒寸簽樁貳根
加長貳丈伍尺徑陸寸簽樁貳根

第拾壹段

廂墊伍層寬壹丈陸尺長伍丈伍尺折見方每層長
捌丈捌尺伍層共單長肆拾肆丈
加長叁丈徑柒寸簽樁叁根

第拾貳段

廂墊伍層寬壹丈柒尺長伍丈折見方每層長
捌丈伍尺伍層共單長肆拾貳丈伍尺

加長叁丈徑柒寸簽樁叁根

第拾叁段

廂墊伍層寬壹丈陸尺長伍丈折見方每層長捌丈伍層共单長肆拾丈

加長貳丈伍尺徑陸寸簽樁叁根

第拾肆段

廂墊伍層寬壹丈陸尺長陸丈折見方每層長玖丈陸尺伍層共单長肆拾捌丈

加長叁丈徑柒寸簽樁貳根

加長貳丈伍尺徑陸寸簽樁貳根

第拾伍段

廂墊伍層寬壹丈陸尺長伍丈折見方每層長捌丈伍層共单長肆拾丈

加長貳丈伍尺徑陸寸簽樁叁根

第拾陸段

廂墊伍層寬壹丈陸尺長陸丈折見方每層長玖丈陸尺伍層共单長肆拾捌丈

加長叁丈徑柒寸簽樁叁根
加長貳丈伍尺徑陸寸簽樁貳根

第拾柒段

廂墊伍層寬壹丈貳尺長伍丈折見方每層長
陸丈伍層共單長叁拾丈
加長貳丈伍尺徑陸寸簽樁叁根

第拾捌段

廂墊伍層寬壹丈貳尺長陸丈折見方每層長
柒丈貳尺伍層共單長叁拾陸丈
加長叁丈徑柒寸簽樁貳根
加長貳丈伍尺徑陸寸簽樁貳根

第拾玖段

廂墊伍層寬壹丈長陸丈伍尺折見方每層長陸
丈伍尺伍層共單長叁拾貳丈伍尺
加長叁丈徑柒寸簽樁肆根

第貳拾段

廂墊伍層寬壹丈長伍丈伍尺折見方每層長

伍丈伍尺伍層共单長貳拾柒丈伍尺

第貳拾壹段

加長叁丈徑柒寸簽樁叁根

廂墊伍層寬壹丈長伍丈折見方每層長伍丈伍層共单長貳拾伍丈

第貳拾貳段

加長貳丈伍尺徑陸寸簽樁叁根

廂墊伍層寬壹丈長伍丈折見方每層長伍丈伍層共单長貳拾伍丈

第貳拾叁段

加長貳丈伍尺徑陸寸簽樁叁根

廂墊伍層寬壹丈長伍丈折見方每層長伍丈伍層共单長貳拾伍丈

第貳拾肆段

加長貳丈伍尺徑陸寸簽樁叁根

廂墊伍層寬壹丈長伍丈折見方每層長伍丈伍層共单長貳拾伍丈

第貳拾伍段

加長貳丈伍尺徑陸寸簽樁叁根

廂埽伍層寬壹丈長伍丈折見方每層長伍丈伍層共單長貳拾伍丈

第貳拾陸段

加長貳丈伍尺徑陸寸簽樁叁根

廂埽伍層寬壹丈長伍丈折見方每層長伍丈伍層共單長貳拾伍丈

第貳拾柒段

加長貳丈伍尺徑陸寸簽樁叁根

廂埽伍層寬壹丈長伍丈折見方每層長伍丈伍層共單長貳拾伍丈

第貳拾捌段

加長貳丈伍尺徑陸寸簽樁叁根

廂埽伍層寬壹丈長伍丈折見方每層長伍丈伍層共單長貳拾伍丈

加長貳丈伍尺徑陸寸簽樁叁根

第貳拾玖段

廂墊肆層寬壹丈長伍丈折見方每層長伍丈肆層共單長貳拾丈

加長貳丈伍尺徑陸寸簽樁叁根

第叁拾段

廂墊肆層寬壹丈長伍丈折見方每層長伍丈肆層共單長貳拾丈

加長貳丈伍尺徑陸寸簽樁叁根

第叁拾壹段

廂墊伍層寬壹丈叁尺長肆丈伍尺折見方每層長伍丈捌尺伍寸伍層共單長貳拾玖丈貳尺伍寸

加長貳丈伍尺徑陸寸簽樁叁根

第叁拾貳段

廂墊伍層寬壹丈壹尺長伍丈折見方每層長伍丈伍尺伍層共單長貳拾柒丈伍尺

加長貳丈伍尺徑陸寸簽樁叁根

第叁拾叁段 廂墊伍層寬壹丈壹尺長伍丈折見方每層長
伍丈伍尺伍層共单長貳拾柒丈伍尺
加長貳丈伍尺徑陸寸簽樁叁根

第叁拾肆段 廂墊伍層寬壹丈長肆丈伍尺折見方每層長
肆丈伍尺伍層共单長貳拾貳丈伍尺
加長貳丈伍尺徑陸寸簽樁叁根

第叁拾伍段 廂墊伍層寬壹丈長肆丈伍尺折見方每層長
肆丈伍尺伍層共单長貳拾貳丈伍尺
加長貳丈伍尺徑陸寸簽樁叁根

第拾肆號堤長壹百捌拾丈頂寬叁丈底寬柒丈高壹丈

第壹段 廂墊伍層寬壹丈貳尺伍寸長肆丈伍尺折見方每層長
伍丈陸尺貳寸伍分伍層共单長貳拾捌丈壹尺
貳寸伍分

第貳段

加長貳丈伍尺徑陸寸簽樁叁根

廂墊伍層寬壹丈叁尺長伍丈折見方每層長陸丈伍尺伍層共單長叁拾貳丈伍尺

第叁段

加長叁丈徑柒寸簽樁叁根

廂墊伍層寬壹丈肆尺長肆丈折見方每層長伍丈陸尺伍層共單長貳拾捌丈

第肆段

加長叁丈徑柒寸簽樁貳根

廂墊伍層寬壹丈肆尺長伍丈折見方每層長柒丈伍層共單長叁拾伍丈

第伍段

加長叁丈徑柒寸簽樁叁根

廂墊伍層寬柒尺長叁丈貳尺折見方每層長貳丈貳尺肆寸伍層共單長拾壹丈貳尺

加長貳丈伍尺徑陸寸簽樁貳根

第陸段

廂墊伍層寬壹丈長伍丈折見方每層長伍丈伍層共
单長貳拾伍丈
加長貳丈伍尺徑陸寸簽樁叁根

第柒段

廂墊伍層寬壹丈肆尺伍寸長肆丈伍尺折見方每層長
陸丈伍尺貳寸伍分伍層共单長叁拾貳丈陸尺
貳寸伍分
加長貳丈伍尺徑陸寸簽樁叁根

第捌段

廂墊伍層寬壹丈肆尺伍寸長肆丈伍尺折見方每層
長陸丈伍尺貳寸伍分伍層共单長叁拾貳丈陸尺貳
寸伍分
加長貳丈伍尺徑陸寸簽樁叁根

第玖段

廂墊伍層寬壹丈肆尺伍寸長伍丈折見方每層
長柒丈貳尺伍寸伍層共单長叁拾陸丈貳尺伍寸

加長貳丈伍尺徑陸寸簽樁叁根

每廂埽壹層寬壹丈長壹丈用

秫稭伍拾束每束連運價銀捌釐

夫貳名係河兵力作不開價

以上廂埽折見方共單長叁千肆百肆拾捌丈玖尺伍寸用

秫稭拾柒萬貳千肆百肆拾柒束半用銀壹千叁百

柒拾玖兩伍錢捌分加長叁丈徑柒寸樁木壹百貳拾

柒根每根連運價銀伍錢伍分用銀陸拾玖兩捌錢伍

加長貳丈伍尺徑陸寸樁木貳百零伍根每根連運價

銀肆錢伍分用銀玖拾貳兩貳錢伍分

共用銀壹千伍百肆拾壹兩陸錢捌分

以上歲修廂埽工程併加簽樁共用銀壹千伍百肆拾壹兩

陸錢捌分

南岸陸工霸州州判

一領銀伍百伍拾捌兩叁錢貳分

頭號堤長壹百捌拾丈頂寬叁丈伍尺底寬玖丈高壹丈

第壹段　廂墊伍層寬壹丈長伍丈折見方每層長伍丈伍層

共單長貳拾伍丈

加長貳丈伍尺徑陸寸簽樁叁根

第貳段　廂墊伍層寬壹丈長伍丈折見方每層長伍丈伍層

共單長貳拾伍丈

加長貳丈伍尺徑陸寸簽樁叁根

第叁段　廂墊伍層寬壹丈長伍丈折見方每層長伍丈伍層

共單長貳拾伍丈

加長貳丈伍尺徑陸寸簽樁叁根

第肆段　廂墊陸層寬壹丈長伍丈折見方每層長伍丈陸

層共單長叁拾丈

加長貳丈伍尺徑陸寸簽樁叁根

第伍段

廂墊陸層寬壹丈長伍丈折見方每層長伍丈陸

層共單長叁拾丈

加長貳丈伍尺徑陸寸簽樁叁根

第陸段

廂墊伍層寬壹丈貳尺長捌丈折見方每層長

玖丈陸尺伍層共單長肆拾捌丈

加長叁丈徑柒寸簽樁叁根

加長貳丈伍尺徑陸寸簽樁貳根

第柒段

廂墊伍層寬壹丈貳尺長陸丈折見方每層長柒丈

貳尺伍層共單長叁拾陸丈

加長叁丈徑柒寸簽樁貳根

加長貳丈伍尺徑陸寸簽樁貳根

第捌段　廂墊伍層寬壹丈貳尺長伍丈伍尺折見方每層長陸
丈陸尺伍層共單長叁拾叁丈
加長叁丈徑柒寸簽樁叁根

第玖段　廂墊伍層寬壹丈貳尺長肆丈伍尺折見方每層
長伍丈肆尺伍層共單長貳拾柒丈
加長貳丈伍尺徑陸寸簽樁叁根

第拾段　廂墊伍層寬壹丈貳尺長伍丈伍尺折見方每層長
陸丈陸尺伍層共單長叁拾叁丈
加長叁丈徑柒寸簽樁叁根

第拾壹段　廂墊伍層寬壹丈貳尺長伍丈折見方每層長陸丈
伍層共單長叁拾丈
加長叁丈徑柒寸簽樁叁根

第拾貳段　廂墊伍層寬壹丈貳尺長伍丈伍尺折見方每層長

陸丈陸尺伍層共单長叁拾叁丈

第拾叁段

加長叁丈徑柒寸簽樁叁根
廂埽肆層寬壹丈貳尺長陸丈折見方每層長柒丈
貳尺肆層共单長貳拾捌丈捌尺

第拾肆段

加長貳丈伍尺徑陸寸簽樁肆根
廂埽伍層寬壹丈叁尺長伍丈折見方每層長陸丈
伍尺伍層共单長叁拾貳丈伍尺

第拾伍段

加長叁丈徑柒寸簽樁叁根
廂埽伍層寬壹丈叁尺長伍丈折見方每層長陸丈伍
尺伍層共单長叁拾貳丈伍尺

第拾陸段

加長叁丈徑柒寸簽樁叁根
廂埽伍層寬壹丈叁尺長伍丈折見方每層長陸丈
伍尺伍層共单長叁拾貳丈伍尺

加長叁丈徑柒寸簽樁叁根

第拾柒段

廂墊柒層寬壹丈叁尺長伍丈折見方每層長陸丈
伍尺柒層共單長肆拾伍丈伍尺
加長叁丈徑柒寸簽樁貳根
加長貳丈伍尺徑陸寸簽樁壹根

第拾捌段

廂墊伍層寬壹丈叁尺長陸丈折見方每層長柒
丈捌尺伍層共單長叁拾玖丈
加長叁丈徑柒寸簽樁肆根

第拾玖段

廂墊伍層寬壹丈叁尺長陸丈折見方每層長
柒丈捌尺伍層共單長叁拾玖丈
加長叁丈徑柒寸簽樁肆根

第貳拾段

廂墊捌層寬壹丈叁尺長伍丈折見方每層長陸丈
伍尺捌層共單長伍拾貳丈

第貳拾壹段

加長叁丈徑柒寸簽樁叁根

廂埽柒層寬壹丈叁尺長伍丈折見方每層長陸丈伍尺柒層共單長肆拾伍丈伍尺

第貳拾貳段

加長叁丈徑柒寸簽樁叁根

廂埽伍層寬壹丈肆尺長伍丈折見方每層長柒丈伍層共單長叁拾伍丈

第貳拾叁段

加長叁丈徑柒寸簽樁叁根

廂埽伍層寬壹丈肆尺長伍丈折見方每層長柒丈伍層共單長叁拾伍丈

第叁號堤長壹百捌拾丈頂寬叁丈貳尺底寬捌丈高壹丈肆尺伍寸

第壹段

廂埽柒層寬壹丈叁尺長肆丈折見方每層長伍丈貳尺柒層共單長叁拾陸丈肆尺

加長貳丈伍尺徑陸寸簽樁貳根

第貳段

廂埽捌層寬壹丈貳尺伍寸長伍丈肆尺折見方每層長陸丈柒尺伍寸捌層共單長伍拾肆丈

加長貳丈伍尺徑陸寸簽樁叁根

第叁段

廂埽玖層寬壹丈肆尺長肆丈叁尺折見方每層長陸丈零貳寸玖層共單長伍拾肆丈壹尺捌寸

加長叁丈徑柒寸簽樁貳根

第肆段

廂埽柒層寬壹丈叁尺長貳丈折見方每層長貳丈陸尺柒層共單長拾捌丈貳尺

加長貳丈伍尺徑陸寸簽樁壹根

第伍段

廂埽陸層寬壹丈貳尺伍寸長肆丈壹尺折見方每層長伍丈壹尺貳寸伍分陸層共單長叁拾丈零柒尺伍寸

第陸段

加長貳丈伍尺徑陸寸簽樁貳根

廂墊柒層寬壹丈零伍寸長叁丈伍尺折見方每層長叁丈陸尺柒寸伍分柒層共單長貳拾伍丈柒尺貳寸伍分

第柒段

加長貳丈伍尺徑陸寸簽樁貳根

廂墊陸層寬壹丈零伍寸長肆丈伍尺折見方每層長肆丈柒尺貳寸伍分陸層共單長貳拾捌丈叁尺伍寸

第捌段

加長貳丈伍尺徑陸寸簽樁叁根

廂墊柒層寬壹丈零伍寸長叁丈伍尺折見方每層長叁丈陸尺柒寸伍分柒層共單長貳拾伍丈柒尺貳寸伍分

第玖段

加長貳丈伍尺徑陸寸簽樁貳根

廂墊捌層寬玖尺伍寸長肆丈貳尺折見方每層長叁丈玖尺玖寸捌層共單長叁拾壹丈玖尺貳寸

加長叁丈徑柒寸簽樁貳根

第拾段

廂墊柒層寬柒尺伍寸長肆丈柒尺折見方每層長叁丈伍尺貳寸伍分柒層共單長貳拾肆丈陸尺柒寸伍分

加長貳丈伍尺徑陸寸簽樁叁根

第拾壹段

廂墊捌層寬捌尺長叁丈伍尺折見方每層長貳丈捌尺捌層共單長貳拾貳丈肆尺

加長貳丈伍尺徑陸寸簽樁貳根

第拾貳段

廂墊捌層寬壹丈壹尺伍寸長肆丈折見方每層長肆丈陸尺捌層共單長叁拾陸丈捌尺

加長叁丈徑柒寸簽樁貳根

第拾叁段

廂墊玖層寬壹丈長伍丈折見方每層長伍丈玖層共單長肆拾伍丈

加長叁丈徑柒寸簽樁貳根

加長貳丈伍尺徑陸寸簽樁壹根

第拾肆段

廂墊柒層寬壹丈長伍丈折見方每層長伍

共單長叁拾伍丈

加長貳丈伍尺徑陸寸簽樁叁根

每廂墊壹層寬壹丈長壹丈用

秫稭伍拾束每束連運價銀捌釐

夫貳名係河兵力作不開價

以上

廂墊折見方共單長壹千貳百陸拾壹丈肆尺貳寸伍分

用秫稭陸萬叁千零柒拾壹束貳分伍釐用銀伍

百零肆兩伍錢柒分加長叁丈徑柒寸樁木伍拾陸根

每根連運價銀伍錢伍分用銀叁拾兩捌錢加長貳

丈伍尺徑陸寸樁木伍拾壹根每根連運價銀肆錢

伍分用銀貳拾貳兩玖錢伍分

共用銀伍百伍拾捌兩叁錢貳分

以上歲修廂墊工程併加簽樁共用銀伍百伍拾捌兩叁錢貳分

以上南岸伍陸兩汛歲修廂墊工程併加簽樁共用銀貳千壹百兩

南岸伍陸兩汛前件各段廂墊工程併墊高層數均照沖塌丈尺

修做每層係高壹尺其柴束不能合縫之處俱用土

築寔合併聲明

以上南岸暨三角淀各汛歲過歲修廂墊工程併加簽樁共用銀陸千壹百

兩又南岸上肆汛加添秫秸運腳銀壹千零貳拾壹兩陸錢壹分叁

厘柒毫伍絲

光緒貳拾玖年貳月

貳拾

日

本道衙門

光緒三十年六月 二十四 日戶庫房 承

造送

自光緒二十七年九月初八日任事起至三十年六月二十五日交卸止收發過歲搶修等項簡明交代冊底

二品頂戴直隸永定河道衛

移今將本道自光緒二十七年九月初八日接印任事起至三十年六月二十五日交

卸止所有任内經手一切庫存錢粮並收發各款銀兩數目擬合造具簡

明清冊移送須至冊者

今移

光緒三十年分

歲搶修項下

舊管

無項

新收

一收藩庫撥發光緒三十年歲搶修等項工程銀五萬三千九百九十五兩二錢零

四厘四毫九絲内除減平外

寔收銀四萬九千六百七十五兩五錢八分八厘一毫三絲零八微

一收藩庫撥發南省協撥光緒三十年備防稭料並加增運脚等項工程原解九八
銀一萬五千兩合庫平銀一萬四千七百兩内除
招商局坐扣水脚保險費庫平銀四十一兩八
錢八分外
實收銀一萬四千六百五十八兩一錢二分
一收運庫撥發光緒三十年歲搶修等項工程銀七千兩内除減平外
實收銀六千四百四十兩
一收藩庫撥發光緒三十年歲搶修内扣六分平土工銀三千六百五十九兩七錢一
分二厘二毫六絲九忽四微
一收光緒二十九年添撥歲修項下撥歸銀一萬四千四百兩
一收光緒二十九年磚工項下撥歸借用銀三千四百兩
一收歷年添撥另案部款項下撥歸借用銀二千七百兩
一收歷年浚船八分平項下撥歸借用銀二千七百兩

一收光緒三十年歲搶修部款項下撥歸借用銀一千兩

一收光緒二十九年歲搶修部冊項下撥歸借用銀五百兩

一收光緒二十九年添撥歲修部冊飯項下撥歸借用銀八百兩

以上新收光緒三十年歲搶修工程共銀九萬九千九百三十三兩四錢二分零四毫零零二微

開除

一發五廳領各汛歲防橋料價共銀四萬六千三百三十五兩二錢

一發南岸廳領南二工金門閘揆由橋料價銀四百一十一兩零四分三厘

一發下北廳領北七工邊堤挑水埧橋料價銀六百三十二兩八錢

一發五廳領各汛添蓋拆蓋汛房工料價銀四百二十九兩八錢七分

一發五廳領各汛加培土工方價共銀一萬六千三百八十二兩三錢三分九厘四毫

一發五廳領各汛挑積土牛方價共銀一千六百三十五兩

一發五廳領各汛大汛備存並各汛防險共銀三千零六十兩

一發五廳領各汛大汛器具共銀四百六十兩

一發五廳找領各汛三成春工兵飯共銀九百六十三兩三錢五分五厘四毫七絲二忽

一發南岸廳領南三下兩汛搶挑土埝隄頂方價銀一百五十兩零二錢九分

一發南岸廳領盧溝司修補南岸石隄工料銀五百一十兩零九錢

一發南岸廳領南四工修補疊道土工方價銀四百四十二兩

一發石景山廳領北下汛添辦樁料價銀六百一十二兩

一發石景山廳領北下汛廂做埽段樁埽手工價銀一百三十三兩七錢四分七厘零七絲五忽

一發下北廳領北六工加高堤頂添做埽段樁埽手工價銀六百七十八兩六錢七分四厘八毫

一發都司協守備領採買檾蔴價並運腳川費共銀一千四百三十三兩四錢二分

一發南岸守備領採買頭號雲梯五架並運腳川費共銀六百一十八兩二錢

一發南岸廳領修理衙署工料價銀三百兩

一發河營都司領巡查下口薪水銀五十兩

一發南岸廳領南二工啟放金門閘經費銀四十兩

一發上北廳領北三工啟放求賢堤經費銀四十一兩
一發南岸廳領南四工預辦各廳汛來往尖宿銀九十二兩
一發南四工領修理大公館照壁并歲修工料銀二百三十九兩一錢三分一厘一毫
一發南四工領修理轅門樵支銀三十五兩七錢五分七厘六毫
一發南四工領採買大公館天棚蓆片銀七十三兩零六分三厘
一發南四工領大汛工提公宴銀二百兩
一發管理德律風司事領春夏二季薪水工食共銀一百八十兩零八錢
一發石景山廳領石景山汛春夏二季津貼銀三十兩
一發都司協守備領春夏秋三季字識聽差兵紙張工食銀一百四十一兩
一發南岸千總領春夏二季防守減堤津貼銀二十兩
一發五廳領各汛春夏二季預辦備防運腳共銀七千八百四十三兩
一發道廳房書吏領春夏秋三季紙張飯食並一分平餘二十一汛字識三營千把
薪水等項共銀二千八百九十七兩三錢八分八厘

一發道廳房書吏及外委各役領隨汛膏需銀三百一十兩零二錢

一發南岸石景山下北廳領預借秋季備防運腳銀二百兩

一發石景山汛外委領大汛報水字識津貼並隨轅差委文案記水薪水共銀一百四十兩零四錢八分五厘

一提大汛辦公津貼兩個月銀三百兩

一撥歸光緒二十九年歲搶修項下銀五千兩

一撥另存本年歲搶修另平土工內扣部院飯冊共銀二千七百五十三兩七錢五分五厘四毫二絲八忽六微

一發委員赴部投咨省領銀部費司費川費共銀一千四百三十九兩七錢零三厘六毫零四忽七微

一發五廳會領預借各汛備防運腳辦理更新銀四百兩

一發南岸廳領各汛搶險銀一千兩

一提發南四工五六號搶險掛柳卯夫工價銀五百兩

一提發南四工八號漫水搶護衙署卯夫掛柳工價並南四工搶險共銀八百兩

以上開除光緒三十年歲搶修工程共銀九萬九千九百一十六兩一錢二

分三厘四毫八絲零三微

寔　在

一存光緒三十年歲搶修工程銀十七兩二錢九分六厘九毫一絲九忽九微

光緒二十九年歲搶修項下

舊　管

一存光緒二十九年歲搶修節存銀九百三十八兩八錢四分五厘零二絲八忽六微

新　收

一收藝發防庫親兵教習暨南八下汛河兵借食米價銀九十七兩

開　除

一發石景山廳領正月分小學堂册文教習司事薪水暨學生伙食課奬樵役等

工食共銀一百四十二兩五錢

一發候選訓導張載陽領三四兩月宣講　聖諭薪水銀十五兩七錢零八厘

一發馬勇五名領春季加餉銀十七兩七錢四分八厘

一發文案委員領正二兩月文案薪水銀八十二兩二錢八分

一發六房書吏領添做南四工大公館科房木器傢具銀六十七兩零八分

一發查看兩岸各汎工程隨員車馬費並外委兵丁賞犒銀一百五十兩

一撥歸添撥歲修項下借用銀一百五十兩

一撥歸葦租項下借用銀二百兩

一撥歸香火租項下借用銀二百兩

以上開除光緒二十九年歲搶修共銀一千零二十五兩三錢一分六厘

實在

一存光緒二十九年歲搶修節存銀十兩零五錢二分九厘零二絲八忽六微

本年添款項下

舊管

無項

新收

一收支應局撥發光緒三十年添撥土車月夫兵飯軍需平銀三千六百三十七兩六
錢六分三厘五毫核庫平銀三千四百零一
兩二錢一分五厘三毫七絲二忽五微

開　除

一發委員赴津請領土車月夫兵飯銀兩川費庫平銀六十五兩四錢五分
一發五廳領各汛大汛土車月夫兵飯共庫平銀二千二百七十九兩二錢零四厘
六毫二絲
一發候選從九衛樹人領採買蔴袋價並川費共庫平銀三百九十二兩七錢
一提大汛期內委員出差查工津貼伙食弁兵賞犒庫平銀二百二十四兩四錢
以上開除添款共庫平銀二千九百六十一兩七錢五分四厘六毫二絲

實　在

一存本年添款庫平銀四百三十九兩四錢六分零七毫五絲二忽五微

添租項下

舊管

一存淤租銀八百二十二兩七錢九分九厘一毫一絲三忽五微

新收

一收霸州解到本年淤租銀五兩二錢八分二厘

一收霸州解到二十九年淤租銀二錢

一收固安縣解到二十九年淤租銀五兩二錢二分

一收永清縣解到本年淤租銀二百二十五兩五錢九分四厘

一收東安縣解到二十九年淤租銀十三兩六錢二分

一收武清縣解到本年淀租銀一百零八兩七錢九分四厘一毫

一收武清縣解到二十九年淀租銀二十三兩六錢八分二厘一毫

一收武清縣解到二十八年淀租銀三十一兩四錢零五厘五毫

一收武清縣解到二十七年淀租銀二十三兩零八分四厘五毫

一收北七工盧汛員解到二十七八兩年下官村盧劉七字堤淤租銀一百五十九兩七錢八分

以上新收淤租共銀五百九十六兩六錢六分二厘二毫

開除

一發十里舖 辛安庄 雙營渡口杈夫領本年春夏二季工食銀一百五十兩

一發南北岸廳領十里舖官渡大船油艌工料銀三十兩

一發候補縣丞賴定祿 主簿胡元熙領赴三縣提取地租川費銀十八兩七錢

一撥歸隙租項下借用銀一百兩

以上開除淤租共銀二百九十八兩七錢

實在

一存淤租銀一千一百二十兩零七錢六分一厘三毫一絲三忽五微

隙租項下

舊管

一存隙租銀八十七兩四錢四分零一毫零二忽

新收

一收霸州解到本年隙租銀四十二兩五錢五分二厘九毫
一收霸州解到二十九年隙租銀二錢七分六厘
一收霸州解到二十七年隙租銀六錢七分五厘
一收永清縣解到本年隙租銀二百零九兩六錢
一收永清縣解到二十九年隙租銀九錢六分二厘
一收永清縣解到二十八年隙租銀九錢六分二厘
一收永清縣解到二十七年隙租銀九錢六分二厘
一收東安縣解到二十九年隙租銀二十九兩六錢八分六厘
一收借用淤租項下銀一百兩

以上新收隙租共銀三百八十五兩六錢七分五厘九毫

開除

一發南岸廳領春夏二季西廟僧人養贍銀二十四兩
一發三角淀廳領南七工老隄隙租銀三十八兩零零二厘

一發固安縣兩學領春夏二季稽查義學薪水銀十兩
一發河營都司領巡查下口兵飯銀二十一兩七錢三分
一發本年秋季轎夫各役工食銀六十四兩一錢四分一厘一毫
一提發大汛隨時派委外委查視各汛工程飯食銀四十兩
一發轅門外委領祭祀　馬神上供銀十二兩
一發工房書吏領刷印河圖工料銀四兩九錢零九厘
一發轅門外委領赴津送公文川費飯食銀十六兩二錢
一發本年春夏二季北洋官報月資銀二十三兩六錢
一提發修理　文昌閣羣墻工料銀十一兩五錢
以上開除隊租共銀二百六十六兩零八分二厘一毫

實在

一存隊租銀二百零七兩零三分三厘九毫零二忽

葦租項下

舊管

一存葦租銀六十六兩九錢零二厘一毫

新收

一收武清縣解到光緒二十九年葦租銀四十二兩八錢九分四厘

一收武清縣解到二十八年葦租銀二十九兩六錢零三厘五毫

一收武清縣解到二十七年葦租銀二十一兩一錢三分三厘四毫

一收武清縣解到二十六年葦租銀十六兩八錢六分一厘三毫

一收借用二十九年歲搶修項下銀二百兩

以上新收葦租共銀三百一十兩零四錢九分二厘二毫

開除

一提修理圍墻等項工料銀一百六十兩

一發南岸廳領(西廟 南下汛)兩處義學春季修膳銀三十兩

一發上下北廳領(東廟 北三工 北四上汛)三處義學春季脩膳銀四十五兩

一發三角淀廳領南六七北上工三處義學春季脩膳銀四十五兩

一發本年夏季增賞各役工食並轎夫頭目及轎夫等工食共銀六十四兩

一錢四分一厘一毫

一發轅門外委等赴津遞送公文並查工飯食銀八兩二錢二分

以上開除葦租共銀三百五十二兩三錢六分一厘一毫

實在

一存葦租銀二十五兩零三分三厘二毫

香火租項下

舊管

一存香火租銀一百四十二兩零五分一厘四毫零一忽一微

新收

一收永清縣解到本年香火租銀一百五十四兩一錢二分一厘四毫

一收永清縣解到二十九年香火租銀二十四兩三錢一分三厘三毫

一收墊發各役預借本年夏秋二季米價銀三十五兩

一收借用二十九年歲搶修項下銀二百兩

以上新收香火租共銀四百一十三兩四錢四分四厘七毫

開除

一提修理衙署等項工料價銀三百兩

一提發本年春夏二季硃油銀十二兩

一發南岸廳領本年歲修　李公祠工料銀二十二兩

一發南岸廳領春夏二季祭祀　李公祠祭品並看祠工食共銀十二兩五錢

一發南岸廳領西廟南下汛兩處義學夏季修膳銀三十兩

一發上下北廳領東廟北三工北四工汛三處義學夏季脩膳銀四十五兩

一發三角淀廳領南六工七工三處義學夏季脩膳銀四十五兩

一發本年夏季東西廟義學搭蓋天棚工料價銀十二兩

一發五月十三日東郊　関帝廟上供銀八兩

一發轅門外委領赴津遞送公文川費飯食銀三十二兩

以上開除香火租共銀五百一十九兩五錢

寔在

一存香火租銀三十五兩九錢九分六厘一毫零一忽一微

險夫地租項下

舊管

一存險夫地租銀四十一兩六錢八分三厘二毫

新收

一收永清縣解到本年險夫租銀八十一兩四錢零八厘

開除

一發戶庫房書吏領本年收發各款銀兩紙張賞犒銀三十兩

寔在

一存險夫地租銀九十三兩零九分一厘二毫

永安村地租項下

舊管

一存永安村地租銀三十一兩三錢零七厘八毫

心紅項下

舊管

一存心紅銀十一兩零零零六厘

建曠項下

舊管

一存建曠並剋飯共銀三十二兩四錢零零二毫七絲七忽五微

新收

一收本年春夏二季兵餉馬乾建曠六成九四平 銀一百六十一兩四錢四分零五毫一絲二忽

一收本年春夏二季武職俸薪建曠並缺曠六成 銀三十兩零四錢四分四厘四毫三絲八忽

一收本道長支夏季截日六天偹防一分平餘俸薪心紅共銀一百零一兩二錢零零二毫

一收二十九年四季各汛河兵缺曠銀二十五兩五錢零一厘八毫二絲四忽

一收墊發南岸廳暨南二工預借運腳共銀一百五十兩

一收墊發各廳汛借款修署共銀五百二十九兩

一收墊發南岸守備預借防汛薪水銀三十兩

一收墊發守協備暨千把總借貲辦公共銀一百七十二兩五錢

一收借用二十九年添撥歲修項下銀一百兩

以上新收建曠並修署共銀一千三百兩零零八分六厘九毫七絲四忽

開除

一墊發上北廳領北二下汛預借運腳修署銀一百兩

一墊發三角淀廳領南七工預借運腳修署銀三百九十兩

一墊發三角淀廳領南八上下兩汛預借運腳修署銀一百四十八兩

一墊發南岸守備領借養廉油飾衙署工料銀四十兩

一墊發北岸協備栈領請緩扣春季修署銀五兩

以上開除建曠共銀六百八十三兩

寔　在

一存建曠並劄飯共銀六百四十九兩四錢八分七厘二毫五絲一忽五微

二十九年添款項下

舊　管

一存光緒二十九年添款庫平銀三百四十四兩九錢六分七厘三毫五絲

二十九年磚工項下

舊　管

一存光緒二十九年磚工經費銀三十九兩五錢二分四厘

新　收

一收墊發南四工預借本年加培土工銀三百兩

一收墊發河務房書吏預借本年歲搶修院冊銀六百兩

以上新收二十九年磚工共銀九百兩

開除

一提辦公經費不敷銀二百五十兩

一發河務房書吏戕領補足二十五六八等三年磚工報銷一分五厘院冊銀二百二十四兩

一發河務房書吏領預借備防稭料內扣院冊銀三百兩

以上開除二十九年磚工共銀七百七十四兩

實在

一存光緒二十九年磚工經費銀一百六十五兩五錢二分四厘

本年歲搶修部冊飯項下

舊管

無項

新收

一收本年歲搶修內扣一分部飯銀五百零三兩三錢五分四厘九毫二絲二忽二微

一收本年歲搶修內扣一分六厘部冊銀八百零五兩三錢六分七厘八毫七絲五忽五微

開　除

一提發本年部款長餘辦公銀一百六十兩

一撥歸光緒三十年歲搶修項下借用銀一千兩

寔　在

一存本年歲搶修部飯共銀一百四十八兩七錢二分二厘七毫九絲七忽七微

本年歲搶修院飯冊項下

舊　管

無　項

新　收

一收本年歲搶修內扣一分院飯銀五百零三兩三錢五分四厘九毫二絲二忽二微

一收本年歲搶修內扣一分五厘院冊銀七百五十五兩零三分二厘三毫八絲三忽三微

開　除

一發河務房書吏領本年歲搶修內扣一分五厘院冊銀七百五十五兩零三分二厘

三毫八絲三忽三微

寔 在

一存本年歲搶修院飯銀五百零三兩三錢五分四釐九毫二絲二忽二微

本年六分平土工部飯冊項下

舊 管

無 項

新 收

一收本年六分平土工內扣一分部飯銀三十六兩五錢九分七釐一毫二絲二忽六微

一收本年六分平土工內扣一分六釐部冊銀五十八兩五錢五分五釐三毫九絲六忽二微

開 除

無 項

寔 在

一存本年六分平土工部飯銀三十六兩五錢九分七釐一毫二絲二忽六微

一存本年六分平土工部冊銀五十八兩五錢五分五釐三毫九絲六忽二微
本年六分平土工院飯冊項下
舊管
無項
新收
一收本年六分平土工內扣一分院飯銀三十六兩五錢九分七釐一毫二絲二忽六微
一收本年六分平土工內扣一分五釐院冊銀五十四兩八錢九分五釐六毫八絲四忽
開除
一發河務房書吏領本年六分平土工內扣院冊銀五十四兩八錢九分五釐六毫八絲四忽
實在
一存本年六分平土工院飯銀三十六兩五錢九分七釐一毫二絲二忽六微
二十九年歲搶修部冊項下
舊管

一存光緒二十九年歲搶修部冊銀七百五十二兩

開　除

一撥歸光緒三十年歲搶修項下借用銀五百兩

實　在

一存光緒二十九年歲搶修部冊銀二百五十二兩

二十八九年六分平土工部冊項下

舊　管

一存光緒二十八年六分平土工部冊銀九十兩零九錢零六釐六毫七絲九忽一微

一存光緒二十九年六分平土工部冊銀九十兩零九錢零五釐三毫六絲八忽五微

開　除

一提解光緒二十八年六分平土工部冊銀九十兩零九錢零六釐六毫七絲九忽一微

實　在

一存光緒二十九年六分平土工部冊銀九十兩零九錢零五釐三毫六絲八忽五微

駐防營還款項下

舊　管

一存駐防營還款銀十四兩九錢五分

二十九年北七工遥隄經費項下

舊　管

一存光緒二十九年北七工遥隄經費銀三百四十二兩一錢二分四釐三毫六絲二忽

開　除

一發試用縣丞廖富文領正月至六月計六個月防守遥隄挑水填薪水銀七十八兩五錢四分

實　在

一存光緒二十九年北七工遥隄經費銀二百六十三兩五錢八分四釐三毫六絲二忽

炭資項下

舊　管

一存本道應捐本年春季炭資銀二十七兩

新　收

一收本道暨各廳汛應捐本年春夏二季炭資共銀八十五兩四錢

寔　在

一存本年炭資銀一百一十二兩四錢

歷年渡口八分平項下

舊　管

一存光緒二十五至二十九等五年渡口工食等項內扣八分平銀二百八十三兩一錢五分二厘

新　收

一收本年十里舖辛安庄雙營渡口工食內扣八分平銀十四兩四錢

寔　在

一存光緒二十五年至三十等六年渡口八分平銀二百九十七兩五錢五分二厘

舊　管

光緒二十九年添撥歲修經費項下

一存光緒二十九年添撥歲修經費銀一萬七千三百八十八兩三錢零五厘八毫六絲六忽

新收

一收藩庫撥發光緒二十九年添撥歲修銀一萬兩內除扣六分平銀六百兩外

寔收銀九千四百兩

一收借用二十九年歲搶修節存項下銀一百五十兩

一收借用二十六年歲搶修節存項下銀七十九兩五錢九分零一毫四絲七忽三微

以上新收二十九年添撥歲修共銀九千六百二十九兩五錢九分

零一毫四絲七忽三微

開除

一發五廳領各汛添辦椿料價銀三千四百六十九兩四錢七分

一發五廳領各汛添辦加培土工方價銀一千八百七十六兩七錢四分零五毫

一發五廳領各汛添僱椿埽手工價銀二千五百九十兩零八錢五分二厘二毫七絲五忽

一發石景山廳領正月至六月小學堂薪水零費等項共銀六百八十一兩四錢六分

一發石景山廳領北上汛修理龍王廟鉄車房工料價銀一百三十兩

一發上北廳領北三工 四上汛修理龍王廟義學房屋工料價銀一百一十二兩九錢

一發下北廳領北七工修理龍王廟工料價銀一百二十兩

一發候補各員領淩汛協防並監視春工薪水共銀四百八十四兩三錢三分

一發候補縣丞何乃鑾領春夏二季防守石隄薪水銀六十九兩二錢三分零六毫

一發候補主簿嚴宜炳 北岸協備李錫祉領春夏二季查勘柳株薪水銀八十九兩七錢六分

一發盧溝司 南岸千總領春夏二季防守迎山嘴並減垻薪水銀四十八兩零七分六厘六毫

一發河營都司守協備領春夏二季兼管親兵薪水並工食共銀三百一十四兩二錢

一發候補州判易顯璜 縣丞張秉良領春夏二季經理課吏館薪水銀一百三十一兩七錢六分

一發德律風司事盧杰領添辦各汛洋燈並零星材料銀一百四十八兩一錢四分

一發候補縣丞廖富文 北岸協備李錫祉領隨轅查看兩岸工程薪水各役飯食銀九十兩零八錢零八厘四毫

一發馬勇五名領二月至六月六個月餉銀並加餉共銀一百九十五兩二錢二分八厘

一發候補巡檢唐鴻鈞領夏季管理鉄橋樹藝薪水銀七十八兩五錢四分

一發候選教諭車壎田鴻達從九錢榮楨領三月至六月文案薪水銀一百六十四兩五錢六分

一發司事張戴陽領五六兩個月宣講 聖諭薪水銀二十一兩七錢零八厘

一發北岸千總魏和領拘抹內外文武官廳並吏房工料銀四十一兩七錢

一發道廳房書吏領夏秋二季加添紙飯銀一百六十五兩三錢八分四厘四毫

一發委員赴省領二十九年添撥歲修銀兩司費川費共銀三百一十兩

一提發候補各員課吏獎賞並茶水點心共銀一百九十三兩

一提發二十二汛捕獲獾鼠地羊賞犒銀一百二十兩

一提辦理歷年銷費不敷並川費銀三百五十兩

一撥歸另存二十九年添撥歲修部院飯冊共銀五百一十兩

一撥歸建曠項下借用銀一百兩

一撥歸光緒三十年歲搶修項下銀一萬四千四百兩

以上開除光緒二十九年添撥歲修共銀二萬七千零零七兩

八錢四分八厘七毫七絲五忽

寔　在

一存光緒二十九年添撥歲修銀十兩零零零四分七厘二毫三絲八忽三微

歷年添撥另案部冊項下

舊　管

一存光緒二十一至二十六等六年添撥另案部冊共銀二千七百五十四兩

開　除

一撥歸本年歲搶修項下借用銀二千七百兩

寔　在

一存光緒二十一至二十六等六年添撥另案部冊銀五十四兩

歷年淺船八分平項下

舊　管

一存光緒二十一至二十六等六年淺船八分平共銀二千七百七十六兩九錢二分

開　除

一撥歸本年歲搶修項下借用銀二千七百兩

寔々在

一存光緒二十一至二十六等六年溭船八分平銀七十六兩九錢二分

減塡報銷部費項下

舊　管

一存光緒二十二年減塡報銷部費銀七十兩零三錢六分四厘

二十五年石隄部冊項下

舊　管

一存光緒二十五年石隄部冊銀一百三十三兩七錢九分三厘四毫零六忽

二十九年磚工報銷部冊項下

舊　管

一存二十九年磚工報銷部冊銀一百五十兩零四錢

二十九年添撥歲修部冊飯項下

舊管
一存光緒二十九年添撥歲修部冊飯共銀八百八十四兩
開除
一撥歸光緒三十年歲搶修項下借用銀八百兩
寔在
一存二十九年添撥歲修部冊飯共銀八十四兩
抵款鉄炮項下
舊管
一存練董劉寶玠呈繳抵款鉄炮價銀二百六十兩
本年春工兵飯項下
舊管
無項
新收

一收賑撫局撥發光緒三十年春工兵飯公砝平銀二千五百五十兩核庫平銀二千四百五十一兩九錢二分三厘

開　除

一發委員赴津請領春工兵飯銀兩川費庫平銀三十八兩四錢六分一厘五毫

一發五廳領各汛春工兵飯七成庫平銀二千二百四十七兩八錢三分零一毫三絲二忽六微

一發額外外委劉寶賢領呈解歷年添撥歲修浚船院飯銀兩川費庫平銀三兩

以上開除春工兵飯共庫平銀二千三百一十六兩二錢九分一厘六毫三絲二忽六微

寔　在

一存本年春工兵飯庫平銀一百三十五兩六錢三分一厘三毫六絲七忽四微

儲備倉賑款項下

舊　管

一存儲備倉賑款銀五十六兩一錢六分一厘八毫八絲

新收

一收扣存各汛葦餘共銀一千一百八十九兩六錢

一收守協備呈繳各汛河兵借食米價銀二百三十一兩六錢

一收河營都司呈繳牛痘局發商生息銀六十兩

以上新收儲備倉共銀一千四百八十一兩二錢

開除

一發河營都司領本年育嬰局經費銀五十九兩

一發候補（縣丞陸炳勛 主簿馬慶棠）會領夏秋二季監倉薪水銀四十八兩

一發石景山廳領（盧溝橋北中汛）兩處義學春夏二季脩膳並聘金共銀六十二兩

一發石景山廳領盧溝橋牛痘局公費銀四十兩

一提辦公銀三百兩

一發署內各役領夏季上堤飯食銀七十五兩

一發南四工領儲備倉發商生息銀六百兩

一發南四工領春夏二季看倉工食銀十八兩
一發委員赴南四二工漫水口門以外被災各村莊散放急撫川費銀一百二十兩
一墊發南岸佘守備領防守金門閘添僱夘夫工價銀四十九兩一錢三分
以上開除儲備倉共銀一千三百七十一兩一錢三分
寔　在
一存儲備倉賑款銀一百六十六兩二錢三分一厘八毫八絲
以上庫存三十四款共銀六千一百零八兩一錢零一厘八毫零二忽六微